生物多样性对人类福祉的贡献研究

刘玉平　万华伟　王永财　施佩荣　崔　鹏　等著

中国环境出版集团·北京

图书在版编目（CIP）数据

生物多样性对人类福祉的贡献研究/刘玉平等著. —北京：
中国环境出版集团，2024.1
ISBN 978-7-5111-5611-2

Ⅰ．①生… Ⅱ．①刘… Ⅲ．①生物多样性—环境保护—
研究 Ⅳ．①Q16

中国国家版本馆 CIP 数据核字（2023）第 176396 号

出 版 人	武德凯
策划编辑	王素娟
责任编辑	范云平
封面设计	岳 帅

出版发行　中国环境出版集团
　　　　　（100062　北京市东城区广渠门内大街 16 号）
　　　　　网　　址：http://www.cesp.com.cn
　　　　　电子邮箱：bjgl@cesp.com.cn
　　　　　联系电话：010-67112765（编辑管理部）
　　　　　发行热线：010-67125803，010-67113405（传真）
印　　刷　北京鑫益晖印刷有限公司
经　　销　各地新华书店
版　　次　2024 年 1 月第 1 版
印　　次　2024 年 1 月第 1 次印刷
开　　本　787×1092　1/16
印　　张　6.5
字　　数　180 千字
定　　价　56.00 元

中国环境出版集团郑重承诺：

中国环境出版集团合作的印刷单位、材料单位均具有中国环境标志产品认证。

前　言

　　生物多样性（基因、物种和生态系统）是人类赖以生存和经济社会可持续发展的基础，是人类福祉的重要保障。"联合国生物多样性 2020 目标"（"爱知目标"）将增进生物多样性和生态系统服务给人类带来的惠益作为重要战略目标，更加关注生物多样性与人类福祉的关系。我国是世界上生物多样性最为丰富的国家之一，同时也是生物多样性受威胁最为严重的国家之一。研究生物多样性与人类福祉之间的关系，定量评估生物多样性对人类福祉的贡献，提高人们对生物多样性重要性的认识，对促进生物多样性保护具有重要意义。

　　我国政府高度重视生物多样性保护，定期开展生物多样性目标实施进展情况评估，但评估实践中存在生物多样性与人类福祉联系不紧密等问题。2018 年，科技部批准了国家重点研发计划项目"生物多样性保护目标的设计与评估技术"，其中，"多尺度生物多样性评估技术体系"（课题编号：2018YFC0507201）项目设置了开展生物多样性对人类福祉贡献的研究的内容，在充分调研国内外相关成果的基础上，以生态系统服务为纽带，从物质供给、生态调节和精神文化 3 个方面构建了定量测度生物多样性对人类福祉的贡献的多尺度指标体系和方法，并开展了试点应用。本书作为课题研究成果，旨在向读者阐述人类福祉的内涵、生物多样性与人类福祉的关系、定量评估生物多样性对人类福祉贡献的指标体系和评估方法以及相关案例。

　　全书分为 4 章。第 1 章为概论，介绍了《生物多样性公约》、全球和我国生物多样性的基本状况、人类福祉的内涵、生物多样性与人类福祉的关系，以及多尺度人类福祉相关评价技术体系，由刘玉平、崔鹏、万华伟、施佩荣、张志如撰写；第 2 章为生物多样性对人类福祉贡献评估的框架体系，介绍了理论框架、指标选取原则和多尺度评估指标体系，由万华伟、刘玉平、彭羽、王永财撰写；第3 章为浙江开化及周边地区试点研究，介绍了研究区概况、指标选取及数据处理和生物多样性对人类福祉贡献的评估结果，由施佩荣、万华伟、张志如、刘玉平等撰写；第 4 章为青海三江源地区试点研究，介绍了研究区概况、指标选取及数据处理和生物多样性对人类福祉贡献的评估结果，由王永财、万华伟、陈文婷、刘玉平等撰写；全书由刘玉平、万华伟统稿。

本项目得到科技部重点研发专项的资助，项目首席研究员徐海根和项目组的副研究员于丹丹、研究员曹明昌等在研究过程中贡献了有益讨论；赵士洞先生、沈谓寿研究员等在研究过程中提出了非常宝贵的意见；三江源国家公园管理局田俊量副主任、钱江源国家公园管理局余建平主任、中国科学院西北高原生物研究所张同作研究员在项目试点的实地调研工作中给予了大力支持；生态环境部卫星环境应用中心侯鹏研究员、高海峰博士，山东省济南生态环境监测中心杨晓钰高级工程师，研究生李灏欣、金岩丽、文梦迪等参与了实地调研和资料收集。在此一并表示感谢，感谢大家的辛苦努力。同时感谢参与本书校核、编辑等工作的出版社编辑付出的辛勤劳动，正是在大家的支持下，本书得以正式出版。

本书可供开展生物多样性和人类福祉研究与评估工作的有关单位和个人参考。由于作者水平有限，书中难免有疏漏和不妥之处，敬请读者批评指正。

作者
2023 年 7 月

目　录

第1章 概 论

1.1 生物多样性

1.1.1 生物多样性状况及其危机

（1）生物多样性的概念与内涵

生物多样性（Biological diversity，Biodiversity）是 Edward O. Wilson 于 1985 年提出的科学术语，其定义为：生物及其所在生态复合体的种类丰富度和相互间差异性。在 1992 年于巴西里约热内卢召开的联合国环境与发展大会上签署的《生物多样性公约》（Convention on Biological Diversity，CBD），将生物多样性定义为：所有来源的活的生物体中的变异性，这些来源包括陆地、海洋和其他水生生态系统及其所构成的生态综合体（CBD，1992）。1995 年，联合国环境规划署（United Nations Environment Programme，UNEP）发表了巨著《全球生物多样性评估》，赋予生物多样性一个比较简明的定义：生物多样性是生物和它的组成系统的总体多样性和变异性。尽管 Edward O. Wilson、《生物多样性公约》、《全球生物多样性评估》先后对生物多样性给出含义相近的定义或明确的释义，但是国内外学者也有不同的解释。例如，马克平（1993）认为生物多样性是生物及其环境形成的生态复合体，以及与此相关的各种生态过程的总和。陈灵芝（1993）认为生物多样性是指各种生命形式的资源，它包括数百万种植物、动物、微生物，各个物种所拥有的基因和各种生物与环境相互作用的生态系统以及它们的生态过程。Mackenzie 等（1998）认为生物多样性是包括所有层次有机体变异性的术语，从属于同一种的遗传变异到物种多样性和生态系统的变异。2010 年，环境保护部印发的《中国生物多样性保护战略与行动计划（2011—2030 年）》（以下简称《战略与行动计划》）将生物多样性定义为：生物（动物、植物、微生物）与环境形成的生态复合体以及与此相关的各种生态过程的总和。综上所述，生物多样性的概念虽有差异，但主要强调了以下两个方面：一是生物多样性的总体性和变异性，二是生物多样性的生态过程。

生物多样性是一个内涵十分广泛的重要概念，从宏观到微观包括生态系统、物种和基因 3 个层次。基因多样性也称遗传多样性，广义的遗传多样性是指地球上所有生物携带的遗传信息的总和；狭义的遗传多样性是指生物种内的遗传变异（陈灵芝，1993）。遗传多样性是物种多样性和生态系统多样性的基础，任何物种都具有独特的基因库和遗传组成。物种多样性是生物多样性在物种水平上的表现形式，即动物、植物、微生物等生物种类的丰富性，它是生物多样性的基础和核心，是生物多样性最主要的结构和功能单位。生态系统多样性是指生物圈内生境、生物群落和生态过程的多样化以及生态系统内生境差异。此处的生境主要是指无机环境，如地貌、气候、土壤、水文等，生境的多样性是生物群落多样性乃至整个生物多样性形成的基本条件。生物群落的多样性主要是指群落的组成、结构和动态（包括波动和演替）方面的多样化（马克平，1993）。

（2）全球生物多样性的状况和危机

科学家估计地球上的物种有 500 万～3 000 万种，目前已经被描述的物种约 200 万种。尽管全球植物与脊椎动物种数还在增加，但总体物种数基本确定；而昆虫、大型真菌、浮游生物等多个类群还不断有新物种发现，全球物种数量的提升还有很大的空间。植物方面，目前多数植物分类学者认为全球植物种数在 30 万～35 万种，包括苔藓 1.6 万种、蕨类 1.3 万种、裸子植物 1 000 种、有花植物 26 万种等（Paton et al.，2008；Zhang et al.，2015）。脊椎动物方面，Fish Data 报道全球有 33 200 多种鱼类被描述，其中 14 000 多种为淡水鱼类。美国自然历史博物馆记录全球有 7 493 种两栖动物；Reptile Data Base 收录了 10 272 种爬行动物；BirdLife International 报道全球有 10 426 种鸟类（Christie et al.，2016）；Wilson 和 Reeder（2005）报道全球有 5 436 种哺乳动物。多姿多彩、丰富多样的物种为地球上不同区域、不同类型、不同功能的生态系统提供了基础和保障。

目前，全球生物多样性正面临严峻的威胁，世界自然保护联盟（International Union for Conservation of Nature，IUCN）2022 年的评估显示，已被评估的 142 517 种物种中，有 28% 的物种被认为受到灭绝的威胁（属于易危、濒危或极危等级）。据世界自然基金会（World Wildlife Fund，WWF）2022 年最新发布的《地球生命力报告》，监测范围内的野生动物种群数量——包括哺乳动物、鸟类、两栖动物、爬行动物和鱼类，自 1970 年以来平均下降了69%；热带地区野生脊椎动物种群数量正在以惊人的速度急剧下降。值得关注的是：1970—2018 年，拉丁美洲和加勒比地区监测范围内的野生动物种群数量平均下降了 94% 之多；在所有监测物种种群中，淡水物种种群下降幅度最大，1970—2018 年平均下降了 83%；栖息地丧失和迁徙路线受阻是洄游鱼类物种面临的主要威胁。2019 年 5 月，生物多样性和生态系统服务政府间科学政策平台（The Intergovernmental Science-Policy Platform on Biodiversity and Ecosystem Services，IPBES）发布的《生物多样性和生态系统服务全球评估报告》指出，人类活动改变了 75% 的陆地表面，影响了 66% 的海洋环境，超过 85% 的湿地已经丧失；25% 的物种正在遭受灭绝威胁，近 1/5 地球表面面临动植物入侵风险。2020

年以来，全球自然灾害频发，澳大利亚山火持续肆虐，东非国家遭受几十年来最严重的蝗灾……这些都不断警示人类，必须深刻反思人与自然的关系，加强生物多样性保护，切实维护全球生态、生物安全和可持续发展。

（3）我国生物多样性的状况和危机

我国地域辽阔，地貌类型复杂，横跨多个气候带，孕育了丰富而又独特的生物多样性，是世界上生物多样性最丰富的 12 个国家之一（环境保护部，2011），也被称作"巨大多样性国家"（megadiversity country）。我国生物多样性具有以下特点：

1）生态系统类型齐全。在陆地生态系统类型方面，我国拥有森林 212 类、灌丛 113 类、草甸 77 类、草原 55 类、荒漠 52 类；自然湿地有沼泽湿地、近海和海岸湿地、河滨湿地和湖泊湿地 4 大类；近海海域拥有黄海、东海、南海和黑潮流域大海洋生态系统，分布有滨海湿地、红树林、珊瑚礁、河口、海湾、潟湖、岛屿、上升流、海草床等典型海洋生态系统（生态环境部，2018）。

2）物种丰富多样。已知物种及种下单元数 92 301 种。其中，动物界 38 631 种、植物界 44 041 种、细菌界 469 种、色素界 2 239 种、真菌界 4 273 种、原生动物界 1 843 种、病毒 805 种（生态环境部，2018）。我国高等植物种数居世界第三，仅次于巴西和哥伦比亚，我国也是世界上裸子植物最多的国家。我国有脊椎动物 7 300 余种，占世界脊椎动物总种数的 11%，其中哺乳动物 673 种，居世界首位（环境保护部等，2015）。我国是世界上鸟类最多的国家之一，共有 1 445 种，占世界鸟类总种数的近 15%；我国的鱼类占世界鱼类总种数的 17.5%。我国海域物种丰富，已记录的海洋生物有 28 000 多种，约占全球海洋已记录物种数的 11%（李宏俊，2019）。我国已查明真菌种类 1 万多种，占世界总种数的 14%。

3）特有属种繁多。我国生物区系的特有现象明显，高等植物中特有种最多，约 17 300 种。在我国的脊椎动物中，特有种有近 700 种，占 9% 以上。人们熟知的有"活化石"之称的水杉、银杏、银杉和攀枝花苏铁以及大熊猫、白鳍豚等，都是我国的特有种。

4）区系起源古老。由于中生代末（距今约 6 500 万年）我国大部分地区已上升为陆地，第四纪冰期又未遭受大陆冰川的严重影响，我国许多地区都不同程度地保留了白垩纪、第三纪的古老残遗物种，如木兰、木莲、含笑等。我国很多陆栖、水栖脊椎动物中不少都是古老种类，如羚牛、大熊猫、白鳍豚、扬子鳄、大鲵等。

5）生物遗传资源丰富。我国是水稻、大豆等重要农作物的起源地，也是野生和栽培果树的主要起源中心。我国有栽培作物 1 339 种，其野生近缘种达 1 930 个；我国经济树种在 1 000 种以上，果树种类居世界第一，我国原产的观赏植物种类达 7 000 种。我国也是世界上家养动物品种最丰富的国家之一，有家养动物品种 576 种（环境保护部，2011）。

6）传统知识和民族文化丰富。由于悠久的历史和多民族的特点，我国与生物多样性直接相关的传统知识、民族文化和传统习俗也丰富多彩。例如，藏族宗教信仰对珍稀物种的保护，哈尼族对神山、神林的保护，蒙古族对草原的保护，以及纳西族不准砍伐水源林、不准在树木生长期砍伐、不准猎杀孕兽和幼兽的传统等，都是对生物多样性最好的保护。

我国是世界上生物多样性受威胁较为严重的国家之一。《中国生物多样性红色名录——高等植物卷》对 34 450 种高等植物的濒危状况进行了评估。我国高等植物受威胁的物种共计 3 767 种，约占评估物种总数的 10.9%。需要重点关注和保护的高等植物达 10 102 种，占评估物种总数的 29.3%（环境保护部等，2013）。受威胁物种中，裸子植物为 51.0%，被子植物为 11.4%。《中国生物多样性红色名录——脊椎动物卷》对 4 357 种脊椎动物的濒危状况进行了评估。我国脊椎动物受威胁物种数为 932 种，占被评估物种总数的 21.4%。其中，哺乳动物受威胁物种共计 178 种，占哺乳动物物种总数的 26.4%；受威胁鸟类为 146 种，受威胁比例为 10.6%；受威胁的爬行动物共计 137 种，受威胁比例为 29.7%，高于世界爬行动物受威胁比例（21.2%）；两栖动物受威胁物种有 176 种，受威胁比例为 43.1%，远高于全球两栖动物受威胁比例（30.6%）；内陆水域鱼类受威胁物种共计 295 种，受威胁比例为 20.3%（环境保护部等，2015）。《中国生物多样性红色名录——大型真菌卷》对我国已知的 9 302 种大型真菌的生存状况和受威胁状况进行了评估。我国受威胁的大型真菌 97 种，包括疑似灭绝 1 种、极危 9 种、濒危 25 种、易危 62 种，占被评估大型真菌物种总数的 1.04%；受威胁的特有大型真菌 57 种，占我国特有大型真菌物种总数的 4.20%；需关注和保护的大型真菌高达 6 538 种，占被评估物种总数的 70.29%（生态环境部等，2018）。我国遗传资源丧失尚未得到有效遏制。根据第二次全国畜禽遗传资源调查的结果，全国有 15 个地方畜禽品种资源未被发现，超过半数的地方品种的数量呈下降趋势，濒危和濒临灭绝品种约占地方畜禽品种总数的 18%（农业部，2016）。第三次全国农作物种质资源普查阶段性成果表明，我国种质资源保护形势不容乐观，部分地方品种和主要农作物野生近缘种等特有种质资源的丧失速度明显加快。广西壮族自治区 1981 年有野生稻分布点 1 342 个，2015 年仅剩 325 个（农业部等，2015）。

（4）生物多样性的威胁因素

导致全球生物多样性丧失的主要因素有土地和海洋利用方式的改变、气候变化、污染、外来物种入侵、人口增长以及不利于生态环境的经济激励措施等。这些因素主要指向人类活动的负面影响，同时，不同因素之间存在紧密的关联。例如，人口增长和经济发展加快了城市扩张的步伐，城镇建设占用的土地来自自然生态系统中的森林和湿地；经济发展和现代生活方式制造了越来越多的污染；快捷便利的全球运输网络为外来物种入侵提供了条件；温室气体的过量排放导致了气候变化问题等（联合国《生物多样性公约》秘书处，2020）。

1）土地和海洋的利用方式改变。人类对食物、资源等的需求不断增长，生产、生活空间不断扩张，导致其地貌形态和土地利用方式不断改变。毁林开荒、围湖造田、过度放牧、基础设施建设和城市蔓延等行为加剧了生境破碎化，阻断了生态系统应有的物质循环和能量流动，也加剧了荒漠化、水土流失、江河断流等灾害的发生，对生物的生存构成严重威胁。随着人类活动延伸至海洋，海洋生物多样性受到的威胁也在不断加大。

2）对生物资源过度乃至掠夺式开发。砍伐森林、过度捕捞和盗猎是造成一些物种成为珍稀濒危物种甚至灭绝的重要原因。

3）气候变化。温室气体的大量排放造成气候变暖，对物种分布、种群动态及生态系统的结构和功能产生显著影响。据统计，47%的受威胁哺乳动物和 23%的受威胁鸟类可能已经受到气候变化的影响。

4）环境污染。环境污染不仅直接威胁物种生存，还可以通过生境污染对生物多样性产生广泛而深远的影响，塑料、持久性有机污染物、重金属污染和海洋酸化对海洋生物多样性影响尤其严重。

5）外来物种入侵。无论是人为引入还是自然飘落，入侵物种在新的生态系统中往往具有强大的生存优势，能够快速改变栖息地并大量捕食当地物种，带来新的传染病等，最终威胁当地生物多样性。我国就曾受到美国白蛾、非洲大蜗牛等外来物种的入侵和危害。

6）极端灾害破坏。极端灾害如洪水、干旱、森林大火和火山爆发等也会危及物种生存，但这些灾害中又有相当一部分是人为因素所致。

1.1.2　《生物多样性公约》

（1）《生物多样性公约》简介

随着生物多样性危机日益受到国际社会的广泛关注，人们意识到生物多样性在生态、遗传、社会、经济、科学、教育、文化、娱乐和美学等方面的重要价值，更加意识到生物多样性对进化和保持生物圈的生命维持系统的重要性。因为生物多样性正在受到人类活动的严重影响，所以国际社会有必要制定一项国际公约，共同采取行动，保护生物多样性。1992 年，《生物多样性公约》（以下简称《公约》）在联合国环境与发展大会（里约地球峰会）上签署，并于 1993 年 12 月 29 日正式生效。《公约》目前共有 196 个缔约方，我国是最早签署《公约》的国家之一。缔约方大会是国际公约的理事机构，是由所有《公约》批准国（或缔约国）组成的最高权力机构。缔约方大会每两年举行一次会议，审查《公约》的实施情况、确定优先事项和落实工作计划。联合国《公约》秘书处设在加拿大蒙特利尔市，主要职能是协助各国政府落实《公约》及其工作方案、组织会议、起草文件、与其他国际组织进行协调及收集和传播信息。联合国《公约》秘书处的负责人为执行秘书。

《公约》下有两个议定书，分别是《卡塔赫纳生物安全议定书》和《关于获取遗传资源和公正公平分享其利用所产生惠益的名古屋议定书》（以下简称《名古屋议定书》）。《卡塔赫纳生物安全议定书》是在《公约》下为解决转基因生物安全问题而制定的有法律约束力的国际文件，是目前唯一以"生物安全"为名称的国际法，专注于现代生物技术产品-改性活生物体的管理，特别是其对生物多样性和人类健康的风险和潜在不利影响的防控。《名古屋议定书》进一步确立了生物遗传资源国家主权权利，建立了获取与惠益分享制度。我国于 2000 年 8 月 8 日签署了该议定书，2005 年 4 月 27 日国务院批准了该议定书。《名古屋议定书》于 2014 年 10 月正式生效，我国于 2016 年 9 月正式成为《名古屋议定书》缔约方。

《公约》是一项具有法律约束力的国际条约，有 3 项主要目标：保护生物多样性、可持续利用其组成部分以及公平合理地分享由利用遗传资源所产生的惠益。《公约》是生物多样性保护进程中具有划时代意义的国际公约，是全面探讨生物多样性的第一个全球性协议，是世界各国保护生物多样性、可持续利用生物资源和公平地分享其惠益的承诺。《公约》涵盖了所有层面的生物多样性，即生态系统、物种和遗传资源。此外，通过《卡塔赫纳生物安全议定书》等，《公约》还涵盖了与生物多样性及其在发展中的作用有直接或间接关联的所有领域，包括科学、政治、教育、农业、商业和文化等。

（2）爱知生物多样性目标

2010 年，《公约》缔约方大会第十次会议在日本爱知县举行。会议通过了《生物多样性战略计划（2011—2020 年）》，战略计划中的 5 个战略目标及相关的 20 个纲要目标统称为"联合国生物多样性 2020 目标"（以下简称"爱知目标"）。"爱知目标"的宗旨是激励所有国家和利益相关方在"联合国生物多样性十年"（2011—2020 年）期间采取措施，推动实现 CBD 3 大目标。"爱知目标"共包括 5 个战略目标和 20 个纲要目标，具体为：

战略目标 A. 通过将生物多样性纳入整个政府和社会的主流解决生物多样性丧失的根本问题

目标 1：最迟到 2020 年，使人们认识到生物多样性的价值并做到对生物多样性的保护和可持续利用。

目标 2：最迟到 2020 年，将生物多样性的价值纳入国家和地方发展、减贫战略以及规划进程，并开始酌情纳入国家账户及报告制度。

目标 3：最迟到 2020 年，消除、淘汰或改革危害生物多样性的奖励措施，包括补贴，以尽量减少或避免消极影响，并依照和根据《公约》及其他相关国际义务制定并采用有助于保护和可持续利用生物多样性的积极奖励措施，同时顾及国家的社会经济条件。

目标 4：最迟到 2020 年，所有级别的政府、企业和利益攸关方都已采取步骤实现可持续的生产和消费，或执行了可持续生产和消费的计划，并将使用自然资源的影响控制在安全的生态限度内。

战略目标 B. 减少生物多样性的直接压力和促进可持续利用

目标 5：到 2020 年，使所有自然生境（包括森林）的丧失至少减少一半，可能时，使之降低到接近零，并大幅减轻退化和破碎化的程度。

目标 6：到 2020 年，以可持续的方式，合法地管理和捕捞所有鱼类和无脊椎动物种群，避免过度捕捞。为所有枯竭种群制订恢复计划和措施，渔业不再对受威胁物种和脆弱的生态系统造成重大的不良影响，使渔业对资源、物种和生态系统的影响处于安全的生态限度之内。

目标 7：到 2020 年，农业、水产养殖及林业覆盖的区域都实现可持续管理，确保生物多样性得到保护。

目标 8：到 2020 年，污染，包括富营养化被控制在不危害生态系统功能和生物多样性的水平。

目标 9：到 2020 年，查明外来入侵物种及其途径并确定优先次序，控制或根除危害较大的物种，并制定措施对途径加以管理，防止外来入侵物种的引进和生根。

目标 10：到 2015 年，减少气候变化或海洋酸化对珊瑚礁和其他脆弱生态系统的多重人为压力，以维护其完整性和功能发挥。

战略目标 C. 保护生态系统、物种和遗传多样化，以改善生物多样性的现况

目标 11：到 2020 年，至少有 17% 的陆地和内陆水域以及 10% 的沿海和海洋区域，尤其是对于生物多样性和生态系统服务具有特殊重要性的区域，生态上有典型性和代表性的区域，以及其他采取相应措施进行保护的区域被纳入保护。此外，不仅是陆地，更多的海洋景观也应该纳入保护范围。

目标 12：到 2020 年，防止已知受威胁物种的灭绝，改善并维持这些物种特别是那些数量减少最多的受威胁物种的保护状况。

目标 13：到 2020 年，保持培育植物和饲养及驯化动物及其野生亲缘物种的遗传多样性，包括其他具有重要社会、经济和文化价值的物种，同时制定并执行减少基因遭受侵蚀和保护其遗传多样性的战略。

战略目标 D. 提高生物多样性和生态系统带来的惠益

目标 14：到 2020 年，提供重要服务的生态系统，包括与水资源相关的服务，以及对健康、生计和福祉有益的服务得到恢复和保障，同时考虑妇女、土著和当地社区以及贫困者和脆弱者的需求。

目标 15：到 2020 年，通过保护和恢复行动，使生态系统的复原能力以及生物多样性对碳储存的贡献得到提升，包括恢复至少 15% 退化的生态系统，从而有助于减缓与适应气候变化以及防治荒漠化。

目标 16：到 2020 年，《名古屋议定书》生效，并根据国家立法予以实施。

战略目标 E. 通过参与性规划、知识管理和能力发展加强执行工作

目标 17：到 2015 年，各缔约方制定并开始实施一个有效的、参与式的和更新的国家生物多样性战略和行动计划，使之成为一种政策工具。

目标 18：到 2020 年，与生物多样性保护和可持续利用相关的土著和地方社区的传统知识、创新和做法及其对生物资源的习惯性利用都得到了尊重，与国家立法和相关国际义务保持一致，完全纳入 CBD 的履约行动中，并在履约时充分得到反映，即土著和地方社区在各个层面能充分、有效地参与。

目标 19：到 2020 年，生物多样性相关的知识与科技、生物多样性的价值、功能、状况与趋势，以及生物多样性丧失的后果等得到改善或减缓，并使这些技术和方法得到广泛的分享、转移和应用。

目标 20：最迟到 2020 年，为有效实施《生物多样性战略计划（2011—2020 年）》，调动所有能调动的资金，确保融资程序与已经通过的"资源动员战略"保持一致。融资应在现有基础上有显著增加，该目标将根据缔约方开展的资金需求评估报告的变化而变化。

我国认真落实"爱知目标"，明确各项任务和责任，目标执行取得积极成效，执行的总体情况好于全球平均水平。其中，正在超越目标 14（恢复和保障重要生态系统服务）、目标 15（提升生态系统的复原力和碳储量）和目标 17（实施战略与行动计划）；正在实现目标 1、目标 2、目标 3、目标 4、目标 5、目标 7、目标 8、目标 11、目标 13、目标 16、目标 18、目标 19 和目标 20；然而，目标 6（可持续渔业）、目标 9（防止和控制外来入侵物种）、目标 10（减轻珊瑚礁和其他脆弱生态系统的压力）和目标 12（保护受威胁物种）虽取得一定进展，但速度缓慢（生态环境部，2019）。

1.1.3　全球生物多样性展望

2020 年 9 月，联合国《公约》秘书处发布了报告——《全球生物多样性展望》（第五版）（Fifth edition of the Global Biodiversity Outlook，GBO-5），对全球生物多样性状况提供了最权威评估。报告对联合国《生物多样性战略计划（2011—2020 年）》实施进展进行了评估，具体评估了"爱知目标"完成情况和所取得的进展，并提供了有关经验教训和最佳做法，以确保正确推进全球生物多样性保护工作。报告指出，尽管在多个领域生物多样性保护取得积极进展，如开展的保护工作成功避免部分物种灭绝、更多的陆地和海洋面积受到保护、有效的渔业管理让鱼类种群数量得到恢复等，但自然界仍遭受着沉重打击，全球生物多样性情况仍日益恶化。报告为全球生物多样性保护行动提供了综合性科学依据，有助于推进具有里程碑意义的《2020 年后全球生物多样性框架》的制定。

报告提出了以下的关键信息：一是大自然本身及其功能和服务正在全世界范围内恶化，生物多样性及其服务持续减少；二是导致变化的直接和间接驱动力在过去的 50 年里不断加大；三是沿着当前轨迹继续下去，将无法实现保护和可持续利用大自然，并将危及联合国可持续发展目标的实现。报告预计 2050 年后，由于不可持续的生产和消费模式、人口增长和技术进步等因素的驱动，土地和海洋利用方式的改变、过度开发、气候变化、污染和外来入侵物种 5 大压力因素的影响会越来越大。

从全球总体上看，虽然为生物多样性制定的政策和行动（应对措施）的相关指标显示出压倒性的积极趋势（34 项指标中有 22 项显示大幅增加趋势），但生物多样性丧失的驱动因素的相关指标却在增加（13 项指标中有 9 项显示显著恶化趋势），自然现状本身的指标也显示消极趋势（16 项指标中有 12 项明显恶化）。这表明尽管有迄今采取的所有措施支持生物多样性保护、可持续利用和惠益分享，但基于目前世界生态系统面临的压力，预计生物多样性将继续减少。报告还支持这样的结论，即要改善目前的趋势，必须从根本上改变做法，解决引起变化的基本驱动因素。各个国家报告中的信息与全球层面基于指标的分析大体一致：虽然支持生物多样性的政策和行动（应对措施）指标显示出压倒性的积极趋势，但生物多样性丧失的驱动因素指标和生物多样性现状的本身指标大多显示显著恶化的趋势。

报告评估了全球生物多样性状况。2000—2020 年，保护区的面积显著扩大，陆地面积从约 10%增加到 15%，海洋面积从约 3%增加到 7%。同期，对生物多样性具有特别重要意义的区域（生物多样性重要区域）的保护面积也从约 29%增加到 44%。报告将生态保护红线制度作为案例做了专门介绍，我国从 2011 年开始，依据生物多样性、重要生态系统服务和对自然灾害的抵抗力划定生态保护红线，以此来确定和保护重要的生态区域和生态系统。

报告指出，生态系统退化继续威胁着自然对人类的贡献。18 类自然贡献中，14 类在过去 50 年中呈下降趋势。只有与提供食物、木材、纤维和能源等物质利益有关的贡献类别显示出增加趋势。几乎所有与环境过程调控有关的类别都在下降，这表明生态系统维持对人类贡献的能力正在受到损害。例如，人类赖以生存的粮食、纤维和生物能源生产的扩大是以大气污染和水环境质量下降、侵占和破坏部分野生物种的栖息地，以及降低气候调节等生态系统服务功能为代价的。

报告分析了全球生态系统恢复情况并指出，到 2020 年恢复 15%退化生态系统这一目标进展有限。生物多样性平台关于土地退化和恢复的评估报告、《国际植物保护公约》关于气候变化和土地的特别报告以及关于海洋和冰冻圈的特别报告，均显示生态系统继续处于退化之中并对人类福祉造成影响。

　　报告也总结了一些积极进展，包括：对生物多样性的认识明显提高；越来越多的国家将生物多样性价值纳入国家会计系统；许多国家拥有了恢复退化生态系统的成功方案；《名古屋议定书》生效；85%的 CBD 缔约方制订了国家行动计划（National Biodiversity Conservation Strategy and Action Plan，NBSAP）；许多国家日益认识到传统知识和可持续习惯使用生物多样性的价值；公民、研究人员和决策者可获得的生物多样性数据和信息大幅增加；通过国际交流和官方的发展援助，生物多样性可动用财务资源翻了一番等。

　　报告分析总结了在执行《生物多样性战略计划（2011—2020 年）》过程中的一些重要经验教训，包括：加大力度解决生物多样性丧失的直接和间接驱动因素；加强性别平衡、土著人民和地方社区的作用以及利益攸关方的参与；加快国家生物多样性战略和行动计划及相关规划的进程；精心设计"SMART"（清晰、简单的语言表述并规定量化要求）目标和指标；提高国家承诺的落实程度；减少规划中的时间滞后并考虑执行中的时间滞后；需要进行有效审查并向各国提供持续和有针对性的支持等，这些有助于指导 2020 年后全球生物多样性框架的制定。

　　报告第三部分探讨了实现"与自然和谐相处"目标的可能途径，也是通往 2050 年生物多样性的愿景之路——实施涵盖生物多样性的一体健康转型。报告提出要采取统筹办法管理生态系统，包括对农业和城市生态系统以及野生生物的利用，促进生态系统和居民的健康。这一转型是基于以下假设，即生物多样性与人类健康存在着千丝万缕的联系，生物多样性丧失、疾病风险和人类健康存在着共同的驱动因素。

　　实施"一体健康转型"的本质是基于生物多样性与人类健康在不同空间和时间有着多种多样的联系。在全球范围内，生态系统和生物多样性在决定地球系统的状态、调节物质和能量流动及对突变和渐变做出反应方面发挥着至关重要的作用。包括粮食生产系统在内的生态系统依赖多种多样的生物，人类微生物群——存在于肠道、呼吸道和泌尿生殖道以及皮肤上的共生微生物群落可促进营养吸收、帮助调节免疫系统和预防感染，因此生物多样性是决定人类健康的关键环境因素。随着时间的推移，人畜共患病的暴发日益增多。应对当前日益增多的流行病为全球社会进行根本性变革提供了独特的机会。因此，有必要通过采取更加综合的、跨部门和具有包容性的"一体健康"方法来降低未来发生流行病的风险，促进人类和地球的健康和复原力。

　　系统、全面和协调的"一体健康转型"，为将生物多样性与健康之间的关系整合提供了重要的战略机遇。这不仅有助于众多人畜共患疾病实现可持续、健康的恢复，而且有助于实现更广泛的健康目标。包括消除疾病，加强社会、经济和生态的复原力。"一体健康转型"将是协同应对生物多样性丧失、气候变化、人类疫情风险的有效手段。

　　涵盖生物多样性的"一体健康转型"方法的基本原则是：考虑健康和人类福祉的所有层面；提高社会生态系统的复原力，着重预防；采用生态系统方法；具有参与性和包容性；跨部门、跨国界和跨学科运作；促进社会正义和性别平等。

　　"一体健康转型"的实施途径主要包括 7 个方面：一是通过保护和恢复生态系统来降低疾病风险。停止或减少使陆地、淡水、沿海和海洋水生生态系统破坏和退化的做法；减少过度开发现象；停止或减少对自然生境的侵蚀。二是加强对生物多样性和生态系统服务具有重要意义的地区的保护，特别是对完好或接近完好的地区和潜在的疾病暴发热点地区的保护。三是对重大发展工程进行综合健康和环境影响评估，合理规划城市化和线性基础设施建设，以避免影响这些地区并减少自然生态系统的碎片化。四是促进野生生物的可持续、合法和安全利用。减少野生生物的总体捕获量、交易和利用；同时保护土著人民和地方社区的可持续生活习惯；打击非法野生生物交易，限制濒危物种交易；逐步淘汰或禁止高风险物种（如灵长类、蝙蝠、鼬类和鼠类）的交易；管理野生生物养殖场，限制野外捕获动物的数量，避免捕获传播疫病的高风险物种；改善动物福利，完善屠宰场地等卫生管理；避免动物园等驯养繁殖野生动物场所的不同物种混合养殖（也包括与家养牲畜的混合养殖）；维护野生生物交易的生物安全；控制外来入侵物种的所有潜在入侵途径；健全疫源疫病监测网络。五是促进可持续的和安全的农业，包括作物和牲畜生产以及水产养殖。改革畜牧业生产，减少高密集区，保障生物安全，整合畜牧业和农作物生产；推广林牧、农业生态和其他创新的可持续性方法；可持续管理水产养殖；维护和利用遗传多样性；减少牧场的总面积，同时保护包括游牧群体在内的牧民的权利；减少和规范活体动物交易；停止抗生素以及农药、化肥和其他营养投入的非必要使用；加强土壤、植物和动物的微生物群落。六是打造健康的城市和景观。深化土地综合规划与利用，满足生物多样性保护和提供生态系统服务，以维护人类福祉的多重需求，包括提供清洁水和营养食品以及减少灾害风险；提供公平获得优质绿色空间和蓝色空间的机会，以改善身体、生理，促进心理健康；利用战略性综合健康评估和环境评估，最大限度地提高效益，尽可能降低与自然相互作用的风险；确定疾病暴发的高风险热点；监控野生生物的高风险病原体，特别是在野生生物中存在大量病毒毒株的地方，这些病毒毒株极有可能传播给人类；监测与野生生物接触的人员，及早确定传播事件。七是促进健康饮食，将其作为可持续消费的一个组成部分。推广来自不同作物、牲畜和野生资源的安全营养食品；降低总体肉类消费，特别是肉类消费高群体中的红肉消费，避免过度消费，减少浪费，拒绝购买野生物种制品，抵制食用野生动物；减少自然资源的总体过度消费和浪费，提高认识，促进行为改变，支持向健康和可持续的食物系统转型。

1.1.4 中国履行《公约》概况

　　中国是世界上生物多样性最丰富的国家之一，也是最早批准加入《公约》的国家之一。自 1993 年《公约》正式生效实施以来，我国政府为保护生物多样性和履行《公约》

及其议定书，促进生物多样性相关公约协同增效，积极认真地开展了一系列卓有成效的工作，有力地促进了国民经济和社会的可持续发展，也为促进全球生物多样性保护做出了重要贡献。2019 年以来，我国成为《公约》及其议定书核心预算的最大捐助国，有力支持了《公约》的运作和执行。近年来，我国持续加大对全球环境基金的捐资力度，已成为全球环境基金最大的发展中国家捐资国，有力地支持了全球生物多样性保护。

（1）建立履行《公约》工作机制

成立中国履行《公约》工作协调组。为顺利完成履约任务，我国于 1992 年 7 月 2 日确定由国家环境保护局牵头实施《公约》，并且专门成立了由国家环境保护局牵头，国务院 20 个部门参加的中国履行《生物多样性公约》工作协调组，负责具体的履约行动。该协调组设立之初有 12 个相关部门参与，到 1996 年 6 月，已经扩展到 20 个部门。协调组在国家环境保护局成立履约办公室，并建立了国家履约联络点、国家履约信息交换所联络点和国家生物安全联络点。履约工作协调组每年召开会议，制订年度履约工作计划，开展了一系列形式多样的活动，初步形成了生物多样性保护和履约国家工作机制。

建立生物物种资源保护部际联席会议制度。为加强生物物种资源保护和管理，经国务院批准，于 2003 年建立了由国家环境保护总局牵头、其他相关部门共同参与的"生物物种资源保护部际联席会议制度"。同时成立了国家生物物种资源保护专家委员会，负责为生物多样性保护工作提供专业的技术支持。

成立中国生物多样性保护国家委员会。为了提高生物多样性保护的效率和科学性，在新的履约阶段，原有临时性的履约协调小组和部际联席会议已经不能适应国内长期保护生物多样性的要求，为此，我国政府适时成立了"2010 国际生物多样性年中国国家委员会"，共有 25 个部委和单位参加，由国务院副总理担任委员会主席，其秘书处设在环境保护部。2011 年，国务院决定将"2010 国际生物多样性年中国国家委员会"更名为"中国生物多样性保护国家委员会"，作为统筹协调全国生物多样性保护工作的常设性机构。该委员会的成立，标志着我国生物多样性保护机构从原来低级别、临时性的机构转变成了高级别、常设性的机构。

生物多样性与其他生态环境问题联系密切。我国支持协同打造更牢固的全球生态安全屏障，构筑尊重自然的生态系统，协同推动《公约》与其他国际公约共同发挥作用。我国持续推进《濒危野生动植物种国际贸易公约》《联合国气候变化框架公约》《联合国防治荒漠化公约》《关于特别是作为水禽栖息地的国际重要湿地公约》《联合国森林文书》等进程，与相关国际机构合作建立国际荒漠化防治知识管理中心，与新西兰共同牵头组织"基于自然的解决方案"领域的工作，并将其作为应对气候变化、生物多样性丧失的协同解决方案。2020 年 9 月，我国宣布力争 2030 年前实现碳达峰、2060 年前实现碳中和，为全球应对和减缓气候变化做出中国贡献。

（2）制定中国生物多样性保护国家战略

1994 年，由国家环境保护局、国家计划委员会、中国科学院、农业部、林业部等 13 个部门编制的《中国生物多样性保护行动计划》正式发布并实施，为国家制定生物多样性政策、法律、法规和部门行动计划、优先项目及开展国际合作起到了重要的指导作用。《中国生物多样性保护行动计划》确定了我国生物多样性优先保护的生态系统和优先保护的物种名录，明确了 7 个领域的目标，提出了 26 项优先行动方案和 18 个优先项目。

2007 年，经国务院同意，由国家环境保护总局正式发布《全国生物物种资源保护与利用规划纲要》（以下简称《规划纲要》）。为加强生物物种资源保护、防范生物物种资源流失和丧失、持续利用生物物种资源，根据国务院办公厅《关于加强生物物种资源保护和管理的通知》（国办发〔2004〕25 号）要求和生物物种资源保护部际联席会议精神，国家环境保护总局联合生物物种资源保护部际联席会议 16 个成员单位，历经两年，共同编制完成了《规划纲要》。《规划纲要》是我国生物物种资源保护领域首部重要的纲领性文件，对发展和开拓我国新时期、新阶段生物物种资源保护工作具有重要的意义。

2010 年，我国制定并实施了《中国生物多样性保护战略与行动计划（2011—2030 年）》。《战略与行动计划》明确了我国今后 20 年生物多样性保护的指导思想、战略目标和战略任务，并在全国范围内划分了 35 个生物多样性保护优先区域。围绕优先区域，提出了需要重点开展的 10 个优先领域、30 个优先行动和 39 个优先项目。国务院各部门也积极将生物多样性纳入部门行业专项规划并加以落实，推动了自然保护区、生态系统修复、濒危动植物物种保护等领域的工作进展，有效支撑了《战略与行动计划》的实施。北京、江苏、云南等 22 个省（自治区、直辖市）制定了省级生物多样性保护战略与行动计划，设立生物多样性保护委员会，推动地方生物多样性保护工作。自《战略与行动计划》发布以来，我国通过完善法律法规和体制机制、加强就地和迁地保护、推动公众参与、深化国际合作等政策措施，有力推动了我国的生物多样性保护进程。

（3）开展"联合国生物多样性十年中国行动"

2010 年，在日本名古屋市召开的联合国《公约》第十次缔约方大会通过决定，呼吁联合国大会考虑其提出的"联合国生物多样性十年"建议，以推动《生物多样性战略计划（2011—2020 年）》的实施及其"爱知目标"的实现。2010 年 12 月，联合国第 65 届大会通过第 161 号决议，宣布 2011—2020 年为"联合国生物多样性十年"，希望各成员国采取行动，推动实现 2020 全球生物多样性保护目标。"联合国生物多样性十年"成为支持和促进执行《生物多样性战略计划（2011—2020 年）》目标和"爱知目标"协同增效的工具，并致力于促进各个国家和政府间行为者及其他利益攸关方参与，实现把同生物多样性相关的所有问题纳入更广泛的发展规划和经济活动主流这一目标。在"联合国生物多样性十年"期间，鼓励缔约方制订和执行有时限的生物多样性战略计划，并公布执行结果，包括临时阶段目标以及进度报告机制。

根据"联合国生物多样性十年"的决定，联合国《公约》秘书处要求各缔约方保留 2010 国际生物多样性年国家委员会，统筹指导各成员国采取相关行动。2011 年 6 月，经国务院批准，"2010 国际生物多样性年中国国家委员会"更名为"中国生物多样性保护国家委员会"，指导"联合国生物多样性十年中国行动"。2012 年 6 月 4 日，中国生物多样性保护国家委员会第一次会议审议通过了《关于实施〈中国生物多样性保护战略与行动计划（2011—2030 年）〉的任务分工》和《联合国生物多样性十年中国行动方案》（以下简称《十年方案》）。此后，环境保护部印发通知正式发布了这两个文件。

《十年方案》以联合国生物多样性十年为契机，以贯彻落实《战略与行动计划》和全球《生物多样性战略计划（2011—2020 年）》为主线，分年度突出主题，开展活动，全面履行联合国《公约》，保护我国的生物多样性，推动绿色发展和生态文明建设，促进人与自然和谐。《十年方案》主要内容包括：完善生物多样性保护相关政策、法规和制度；推动生物多样性保护纳入相关规划（即"主流化"）；加强生物多样性保护能力建设；强化就地保护，合理开展迁地保护；加强生物多样性监测、评估和预警体系建设；促进生物资源可持续开发利用；推进生物遗传资源及相关传统知识惠益共享；提高应对生物多样性新威胁和新挑战的能力；提高公众参与意识；加强国际合作与交流（环境保护部，2012）。《十年方案》发布以来，各部门、各地方积极行动，开展"联合国生物多样性十年中国行动"系列活动，实施生物多样性保护重大工程，我国生物多样性保护取得积极进展。

（4）编制中国履行《公约》系列国家报告

1992 年以来，中国坚定支持生物多样性多边治理体系，采取一系列政策和措施，切实履行《公约》义务。报告国家履约进展是《公约》缔约方的义务。我国始终严格履行《公约》及相关议定书义务，按时高质量提交国家报告。截至 2022 年，我国已经提交了履行《公约》国家报告 6 份，履行《卡塔赫纳生物安全议定书》国家报告 4 份。

我国于 1997 年 12 月提交了履行《公约》第一次国家报告，2019 年 7 月提交了第六次国家报告。第六次国家报告评估了我国在执行《生物多样性战略计划（2011—2020 年）》方面取得的进展，评估结果显示，我国生物多样性履约取得积极进展，实现并超越了设立陆地自然保护区、恢复和保障重要生态系统服务、增加生态系统的复原力和碳储量 3 项"爱知目标"，生物多样性主流化、可持续管理农林渔业、可持续生产和消费等 13 项目标取得良好进展（生态环境部，2019）。2019 年 10 月，我国提交了《中国履行〈卡塔赫纳生物安全议定书〉第四次国家报告》。

（5）发布红皮书和红色名录

1）编制濒危物种红皮书。为掌握物种的濒危信息，对我国的濒危物种现状进行较为全面而科学的评估，国家环境保护局和中国濒危物种科学委员会继 20 世纪 80 年代编写出版

《中国植物红皮书》之后，于 1998 年出版了《中国濒危动物红皮书》共 4 卷，包括鱼类、两栖爬行类、鸟类和兽类，共收录各种濒危动物 535 种（汪松，1998）。该书的出版为我国生物多样性的评估和保护规划提供了比较全面而系统的物种濒危现状的基础资料。

2）发布中国生物多样性红色名录。2008 年，环境保护部联合中国科学院启动了《中国生物多样性红色名录》的编制工作。目前，《中国生物多样性红色名录》共包括高等植物、脊椎动物和大型真菌三卷，完成了对我国 34 450 种高等植物、除海洋鱼类外的 4 357 种脊椎动物和 9 302 种大型真菌受威胁状况的评估，是迄今为止对象最广、信息最全、参与专家人数最多的一次评估（环境保护部等，2013；环境保护部等，2015；生态环境部等，2018），《中国生物多样性红色名录》的发布为制定生物多样性保护政策和规划提供了科学依据，为开展生物多样性科学研究提供了数据基础，为公众参与生物多样性保护创造了必要条件，是贯彻落实《中国生物多样性保护战略与行动计划（2011—2030 年）》和履行《公约》的具体行动，必将对生物多样性保护与管理产生深远的影响。

（6）举办联合国《公约》第十五次缔约方大会

2016 年，环境保护部代表我国政府依照《公约》相关程序规则，向联合国《公约》秘书处提交了中国申办 2020 年《公约》第十五次缔约方大会（以下简称 COP15）暨《卡塔赫纳生物安全议定书》第十次缔约方会议和《名古屋议定书》第四次缔约方会议意向书。同年 12 月，在墨西哥坎昆召开的 COP13 大会批准了中国的申请。

2019 年 9 月，生态环境部与联合国《公约》秘书处共同发布了 COP15 主题："生态文明：共建地球生命共同体"。这一主题，旨在倡导推进全球生态文明建设，强调人与自然是生命共同体，强调尊重自然、顺应自然和保护自然，努力达成《公约》提出的到 2050 年实现生物多样性可持续利用和惠益分享，实现"人与自然和谐共生"的美好愿景。

COP15 第一阶段会议于 2021 年 10 月 11 日至 15 日在中国昆明举行。此次大会是联合国首次以生态文明为主题召开的全球性会议。5 000 余位代表通过线上、线下结合的方式参加大会，共同开启全球生物多样性保护新进程。更重要的是，大会成功举行了 COP15 高级别会议，包括领导人峰会及部长级会议，举办了生态文明论坛。高级别会议通过了《昆明宣言》，生态文明论坛发出了保护生物多样性、共建全球生态文明的倡议。

COP15 第二阶段会议于 2022 年 12 月 7 日至 19 日在联合国《公约》秘书处所在地加拿大蒙特利尔举行。中国继续作为 COP15 主席国，领导大会实质性和政治性事务，推动达成一个凝聚广泛共识、既雄心勃勃又务实可行的"2020 年后全球生物多样性框架"。

1.1.5　中国生物多样性保护进展

中国从南沙群岛到漠河，南北跨越近 50 个纬度，气候从热带过渡到寒温带；从乌苏里江河口到喀什的乌孜别里山口，东西跨越 60 多个经度，从海洋延伸到戈壁沙漠；从珠穆朗玛峰到吐鲁番盆地，海拔相差近万米，类型多样的地貌和气候孕育了丰富而又独特的生态系统、物种和遗传多样性，是世界上生物多样性最丰富的国家之一。我国政府高度重视生物多样性保护工作，我国是最早加入《公约》的国家之一，也是世界上生物多样性保护成就较大的国家之一。2021 年 10 月，中国政府发布了《中国的生物多样性保护》白皮书，对中国生物多样性保护工作情况做了全面、详细的总结，简要引述如下。

（1）秉持人与自然和谐共生理念

中国生物多样性保护以建设美丽中国为目标，做到了几个"坚持"。

坚持尊重自然、保护优先。牢固树立尊重自然、顺应自然、保护自然的理念，在社会发展中优先考虑生物多样性保护。

坚持绿色发展、持续利用。践行"绿水青山就是金山银山"理念，将生物多样性作为可持续发展的基础、目标和手段，科学、合理和可持续利用生物资源，实现生物多样性保护和经济高质量发展双赢。

坚持制度先行、统筹推进。建立健全政府主导、企业行动和公众参与的生物多样性保护长效机制，持续完善生物多样性保护、可持续利用和惠益分享相关法律法规和政策制度，构建生物多样性保护和治理新格局。

坚持多边主义、合作共赢。中国坚定支持生物多样性多边治理体系，切实履行《公约》及其他相关环境条约义务，积极承担与发展水平相称的国际责任，不断深化生物多样性领域交流合作，携手应对全球生物多样性挑战，为实现人与自然和谐共生美好愿景发挥更大作用。

（2）提高生物多样性保护成效

1）优化就地保护体系。

启动国家公园体制试点，构建以国家公园为主体的自然保护地体系。率先在国际上提出和实施生态保护红线制度，明确了生物多样性保护优先区域，保护了重要自然生态系统和生物资源，在维护重要物种栖息地方面发挥了积极作用。截至目前（2021 年 10 月发布白皮书时，下文同）中国已建立各级各类自然保护地近万处，约占陆域国土面积的18%，90%的陆地生态系统类型和 71%的国家重点保护野生动植物物种得到有效保护。野生动物栖息地空间不断拓展，种群数量不断增加。从 20 世纪 80 年代至今约 40 年间，大熊猫野外种群数量从 1 114 只增加到 1 864 只，朱鹮由发现之初的 7 只增长至目前野外种群和人工繁育种群总数超过 5 000 只，亚洲象野外种群数量从20 世纪 80 年代的 180 头增加到目前的 300 头左右，海南长臂猿野外种群数量从 40 年前的仅存两群不足 10 只增长到 5群 35 只。

划定并严守生态保护红线。"划定生态保护红线，减缓和适应气候变化"行动倡议，入选联合国"基于自然的解决方案"全球 15 个精品案例。

确定中国生物多样性保护优先区域。32 个陆域优先区域总面积 276.3 万 km²，约占陆地国土面积的 28.8%，对于有效保护重要生态系统、物种及其栖息地具有重要意义。

2）完善迁地保护体系。

中国持续加大迁地保护力度，系统实施濒危物种拯救工程，生物遗传资源的收集保存水平显著提高，迁地保护体系日趋完善，成为就地保护的有效补充，多种濒危野生动植物得到保护和恢复。

逐步完善迁地保护体系。截至目前，建立植物园（树木园）近 200 个，保存植物 2.3 万余种；建立 250 处野生动物救护繁育基地，60 多种珍稀濒危野生动物人工繁殖成功。

加快重要生物遗传资源收集保存和利用，形成了以国家作物种质长期库及其复份库为核心，10 座中期库与 43 个种质圃为支撑的国家作物种质资源保护体系，建立了 199 个国家级畜禽遗传资源保种场（区、库），为 90%以上的国家级畜禽遗传资源保护名录品种建立了国家级保种单位，长期保存作物种质资源 52 万余份、畜禽遗传资源 96 万份。建设 99 个国家级林木种质资源保存库，以及新疆、山东 2 个国家级林草种质资源设施保存库国家分库，保存林木种质资源 4.7 万份。建设 31 个药用植物种质资源保存圃和 2 个种质资源库，保存种子种苗 1.2 万多份。

系统实施濒危物种拯救工程，对部分珍稀濒危野生动物进行抢救性保护，大熊猫受威胁程度等级从"濒危"降为"易危"，实现野外放归并成功融入野生种群。曾经野外消失的麋鹿在北京南海子、江苏大丰、湖北石首分别建立了三大保护种群，总数已突破 8 000 只。此外，中国还针对德保苏铁、华盖木、百山祖冷杉等 120 种极小种群野生植物开展抢救性保护，112 种我国特有的珍稀濒危野生植物实现野外回归。

3）加强生物安全。

严密防控外来物种入侵。陆续发布 4 批《中国自然生态系统外来入侵物种名单》，制定《国家重点管理外来入侵物种名录》，共计公布 83 种外来入侵物种。2022 年 5 月，农业农村部、自然资源部、生态环境部、海关总署联合发布了《外来入侵物种管理办法》，进一步加强防范和应对外来入侵物种危害。启动外来入侵物种普查，开展外来入侵物种监测预警、防控灭除和监督管理。加强外来物种口岸防控，严防境外动植物疫情疫病和外来物种传入，筑牢口岸检疫防线。

完善转基因生物安全管理。先后颁布实施《农业转基因生物安全管理条例》《农业转基因生物安全评价管理办法》《生物技术研究开发安全管理办法》《进出境转基因产品检验检疫管理办法》等法律法规。开展转基因生物安全检测与评价，防范转基因生物环境释放可能对生物多样性保护及可持续利用产生的不利影响。发布转基因生物安全评价、检测及监管技术标准 200 余项，转基因生物安全管理体系逐渐完善。

强化生物遗传资源监管。开展重要生物遗传资源调查和保护成效评估，查明生物遗传资源本底，查清重要生物遗传资源分布、保护及利用现状。组织开展第四次全国中药资源普查，获得 1.3 万多种中药资源的种类和分布等信息，其中 3 150 种为中国特有种。正在开展的第三次全国农作物种质资源普查与收集行动，已收集作物种质资源 9.2 万份，其中 90%以上为新发现资源。2021 年启动的第三次全国畜禽遗传资源普查，已完成新发现的 8 个畜禽遗传资源初步鉴定工作。组织开展第一次全国林草种质资源普查，已完成秦岭地区调查试点工作。10 余年来，中国平均每年发现植物新种约 200 种，占全球植物年增新种数的 1/10。

4）改善生态环境质量。

稳步实施天然林保护修复、京津风沙源治理工程、石漠化综合治理、三北防护林工程等重点防护林体系建设、退耕还林还草、退牧还草以及河湖与湿地保护修复、红树林与滨海湿地保护修复等一批重大生态保护与修复工程，实施 25 个山水林田湖草生态保护修复工程试点，启动 10 个山水林田湖草沙一体化保护和修复工程。制定实施《全国重要生态系统保护和修复重大工程总体规划（2021—2035 年）》，确定了新时代"三区四带"生态保护修复总体布局。中国森林面积和森林蓄积连续 30 年保持"双增长"，成为全球森林资源增长最多的国家；荒漠化、沙化土地面积连续 3 个监测期实现"双缩减"，草原综合植被盖度达到 56.1%，草原生态状况持续向好。2016—2020 年，累计整治修复岸线 1 200 km，滨海湿地 2.3 万 hm^2。2000—2017 年全球新增的绿化面积中，约 25%来自中国，贡献比例居世界首位。

1.2 人类福祉

1.2.1 国外相关概念

韦氏词典中对 well-being（福祉）一词的解释为"一种良好且满意的状态"或"健康、幸福、繁荣的状态"（http：//www.merriam-webster.com/dictionary/well-being），联合国"千年生态系统评估"（Millennium Ecosystem Assessment，MA）将人类福祉的组成要素确定为安全、维持高质量生活的基本物质条件、健康、良好的社会关系和选择与行动的自由 5 个方面。可见，福祉反映的是一种良好、健康、幸福、满意的生活状态。Summers 等（2012）的观点与马斯洛需求理论（Maslow，1954）类似，认为人类福祉由人类基本需求、经济需求、环境需求以及主观幸福感组成。

20 世纪 50—60 年代，人类福祉的概念和研究逐渐进入人们的视野。"二战"结束后，经济建设成为各国的焦点，国内生产总值（Gross Domestic Product，GDP）成了反映经济社会发展水平的主要指标（Costanza et al.，2014）。1990 年，联合国开发计划署提出人类发展指数（Human Development Index，HDI），选取预期寿命、教育水平和生活水平 3 项指标构建衡量国家或地区人类发展水平的综合指标（United Nations Environmental Program，1998），目前该指数每年测算并发布，仍是评估人类福祉最具影响力的指数之一。

随着生态环境逐渐恶化、生境丧失和生物多样性下降，人们对生态和福祉的认识不断提高，学者们的焦点逐渐从经济发展转向生态环境保护。生态系统是地球生物多样性的重要组成部分，是维持人类生命和福祉的重要自然资本。然而，世界上所有的生态系统都受到了人类的影响，许多生态系统面临崩溃，这极大地影响了物种栖息地、遗传多样性、生态系统服务、可持续发展以及人类本身的福祉。1992 年，联合国环境与发展大会提出"可持续发展"的新战略和新观念，即"既能满足当代人的需要，又不对后代人满足其需要的能力构成危害的发展"，将人类福祉与生态环境紧紧联系在一起。2005 年，MA 提出了以生态系统服务和人类福祉为核心的概念框架，评估了生态系统提供的最终产品与服务的物质量（MA, 2003）。在 MA 的基础上，英国生态系统评估（The UK National Ecosystem Assessment，UK NEA）框架围绕人类福祉与环境之间的联系，探索研究人类福祉与生态系统及其服务之间的关系。Smith 等总结了国际上 21 个国家或者组织的人类福祉指标，发现生态服务方面的指标累计为 270 个，健康方面的指标为 112 个，生活水平方面的指标为 72 个，其他还有社会融合度、安全感、教育水平、期望寿命、休闲时间、精神和文化满足感等指标。2012 年，生物多样性和生态系统服务政府间科学政策平台（IPBES）通过加强科学政策对生物多样性和生态系统服务的影响，实现生物多样性保护与可持续利用，以及人类的长期福祉与可持续发展。

通过 web of science 平台检索"human well-being"字段，可以看出，近 10 年来国际上对人类福祉的研究呈快速增长趋势，研究方向主要集中在环境生态学、地理、生物多样性、经济学等方向（图 1-1、图 1-2）。

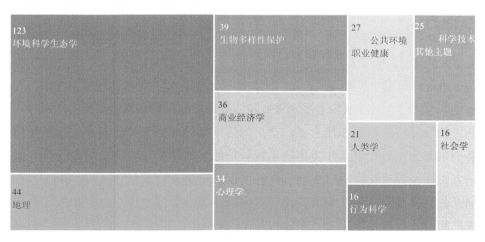

图 1-1　人类福祉国外相关文献研究内容

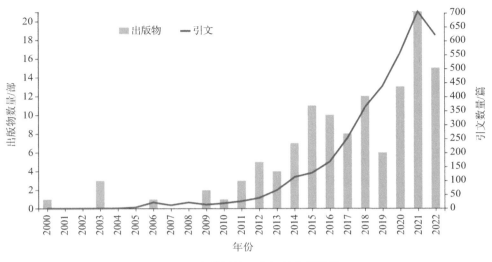

图 1-2   人类福祉国外相关文献数量

1.2.2   国内相关概念

我国的人类福祉研究起步较晚，受"千年生态系统评估"的影响较深。赵士洞和张永民（2006；2007）系统地介绍了 MA 亚全球评估工作组的报告《生态系统与人类福祉：多尺度评估》的主要内容，为我国人类福祉的研究提供了重要经验。我国的人类福祉研究多以可持续科学为主要依据，生态系统服务和人类福祉是表达区域可持续性的两个基本方面，维持和改善生态系统服务是实现区域可持续发展的基本条件（Wu，2013）。研究者也多来自地理、生态学和环境科学等领域，这是我国在人类福祉与生态系统服务关系以及可持续科学前沿取得突破进展的优势（黄甘霖等，2016）。2014 年，北京师范大学、中国科学院大气物理研究所、中国科学院植物研究所和中国科学院地理科学与资源研究所联合开展全球变化与区域可持续发展耦合模型及调控对策研究，该研究以有序人类活动理念为指导思想，以实地观测和模型模拟为主要手段，揭示气候变化和人类活动的定量关系，评估气候变化条件下人类活动对区域生态系统服务和人类福祉的影响（郭建国等，2014）。

在可持续发展的概念和理念下，李惠梅等（2013）以人类活动和生态系统服务之间的社会—生态相互依存关系作为生态系统管理的基本导向，实现生物多样性—生态系统服务—人类福祉的联接，通过生物多样性的保护实现人类福祉的提高，探讨生态保护对人类福祉的意义以及如何在资源利用和贫困减少的结果下实现生态保护的权衡。杨莉等通过农户问卷调查和参与式农村评估的方式，分析生态系统服务变化与人类福祉的关系。王大尚等（2014）以土地利用数据和社会经济数据为基础，对水资源供给服务、土壤保持服务、水质净化服务、产品供给服务以及居民福祉进行了定量评估和空间特征刻画，并探讨了生态系统服务与居民福祉的不同关系模式。屠星川等（2019）梳理了绿地可达性与居民使用绿地、居民健康以及居民社会经济水平的关系研究，探讨了绿地可达性空间分布与人类福祉的动态关系。

通过中国知网（CNKI）平台检索"人类福祉"字段，可以看出：2006 年以后，国内对人类福祉的研究呈快速增长趋势，研究方向主要集中在环境生态学、地理、生物多样性、经济学等方向（图 1-3～图 1-6）。

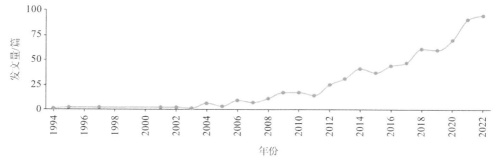

图 1-3　人类福祉国内相关文献发表数量

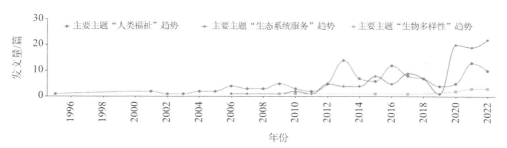

图 1-4　人类福祉国内相关文献主要研究内容及发表时间和数量

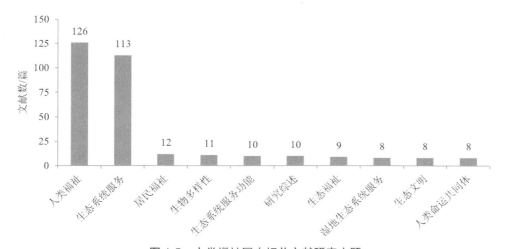

图 1-5　人类福祉国内相关文献研究主题

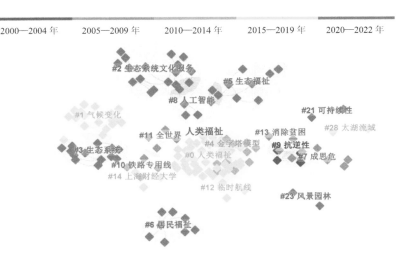

图 1-6   人类福祉国内相关文献研究内容及发展趋势

1.2.3   人类福祉的内涵

20 世纪五六十年代，人类福祉评估指标主要为经济社会指标，如国内生产总值（GDP）为其主要指标（Costanza et al.，2014）。1990 年，联合国开发计划署提出了人类发展指数。然而，上述人类福祉指标仅考虑了社会经济指标，并未充分考虑生态环境指标。随着不同学科背景的研究者参与到人类福祉的研究中来，生态环境与人类福祉之间的关系得到越来越多的关注。2006 年，新经济学基金会提出的快乐星球指数（Happy Planet Index，HPI）对生活满意度、生态环境保护以及预期寿命 3 项指标进行计算（The New Economics Foundation，2008）。环境可持续性指数（Environmental Sustainability Index，ESI）评估自然资源、环境污染程度等 21 项环境指标，后来发展为环境绩效指数（Environmental Performance Index，EPI），增加了空气质量、气候与能源、生物多样性与栖息地等多项指标。Mace 等（2012）构建的指标体系中包括野生物种多样性、土壤微生物多样性等生物多样性指标。2000 年，联合国"千年生态系统评估"明确提出，生态系统和生物多样性与人类福祉具有密切关系。同时，大量研究也表明，生物多样性是生态系统服务与人类福祉的源泉，生物多样性的丧失会严重削弱生态系统服务（MA，2005；Isbell et al.，2017）。学者们对生态系统服务的定义和内涵以及定量计算方法进行了进一步研究，De Groot 等（2002）将调节气候、防洪、水供给、作物授粉和旅游等服务纳入评估体系，强调了数据的可获取性和可量化性。英国生态系统评估（UK NEA）在文化服务评估中基于可量化性选取有林地、遗迹、城市绿地、运动和休闲区以及公园等 14 个指标。IPBES 将生物多样性与生态系统服务结合，探索生态系统服务的形成、影响机制和作用机理（Díaz et al.，

2015)，并提出自然对人类的贡献（Natures Contributions to People，NCP）这一概念，包括物质供给、生态调节和精神文化 3 个方面（Pascual et al.，2017）。

生物多样性是生物及其与环境形成的生态复合体以及与此相关的各种生态过程的总和（马克平，1993）。生物多样性对人类福祉的贡献，重点在物种组成方面保持或恢复其生物完整性、相对丰度、功能性的组织、原生物种数等，以维持相对多样、丰富、完整的生态系统，以可持续的状态为人类提供福祉。生态系统过程的核心是生物多样性，其损失不仅会导致生态系统过程的退化，而且严重影响人类福祉。根据福祉的内涵，可将其分为主观福祉和客观福祉两方面，主观福祉指个体对自身或社会的幸福感和对生活的满意度，客观福祉是从生活的各个维度对福祉进行客观的综合评价，主要包括教育、环境、收入和基本设施等物质或非物质的产品或服务（Song，2017）。我国对人类福祉的研究还相对较少，到目前为止，对人类福祉还没有统一的定义；同时主观福祉更多地受客观福祉和社会心理因素的影响，难以量化和描述。因此，本研究在借鉴国内外研究的基础上，从生物多样性对人类福祉贡献的角度出发，注重从物质或社会属性方面来表达，探讨生物多样性与客观福祉的关系。

1.3 生物多样性与人类福祉的关系

1.3.1 生物多样性对人类福祉的贡献

生物多样性包括生态系统、物种和遗传 3 个层次的多样性（马克平，1993），根据生物多样性和生态系统服务政府间科学政策平台评估报告，生物多样性不仅能够满足居民的文化和精神需求，同时关系着粮食安全和生活质量，对人类健康和福祉至关重要（Karki et al.，2018）。"爱知目标"将增进生物多样性和生态系统服务给人类带来的惠益作为重要战略目标，更加关注生物多样性与人类福祉的关系。当前，全球仍在发生严重的物种灭绝现象，地球的生态系统和人类的可持续发展事业面临严重威胁（UNEP，2019）。生物多样性对人类福祉的贡献主要体现在以下几方面。

（1）生物多样性与生态系统产品供给功能

生物多样性包含的不同层次均能与生态服务联系起来，进一步贡献人类福祉。野生动植物亲本的遗传多样性对于培育新品种很重要，尤其是粮食作物、生物燃料作物和国家保护动物；野生植物具有潜在的药用价值；传粉动物的多样性能够提高作物授粉的成功率，提升作物的营养价值和商业价值，还可以维持植物的遗传多样性（戴漂漂等，2015）。因此，遗传多样性和野生物种多样性是直接贡献生态系统中的产品供给服务，为人类提供商品和服务产品。而有保障的食品、水源、药品、化工等原材料是人类福祉的基础，是衣食住行和健康的保障。这些方面可以视为遗传多样性、物种多样性对人类福祉的直接贡献。

（2）生物多样性与生态系统支持功能

土壤肥力保持、水土保持、维护养分循环等是生态系统中重要的生态过程，通过物质循环和能量流动可以将生物和环境之间的各种生态系统服务联系起来（Mace et al.，2012）。由于物种之间存在复杂的相互作用，生物多样性的变化不仅可以改变个体生理生态特性来直接调节生态系统过程，还可以通过改变物种组成对生态系统稳定性造成影响（Barnes et al.，2018）。生物多样性本身也是生态系统支持功能的组成部分和维持动力，能够维持和增强生态系统服务功能，从而保持人类福祉的稳定性。一些生态系统服务，如调节气候、净化环境或传粉播种，依赖于生态系统中的物种多样性的生态系统功能。Tasharntke等（2012）认为适度的生物多样性能够增强生态系统的自我调节功能，适度干扰生物多样性保护能使生态系统服务发挥最大作用，也有利于保证某些濒临灭绝物种的可持续性。因此，需要甄别对人类福祉有重要影响的旗舰物种，增强其生态服务功能，进一步提高人类福祉。

（3）生物多样性与生态系统调节功能

生态系统具有调节小气候、固碳释氧、净化环境的功能，还可以通过调节环境功能维持一定的生态系统服务。生态系统中的物种多样性能够产生多种生态系统服务，尽管其质量和数量与生物多样性之间的联系并不密切。大多数学者认为，当生物多样性下降或丧失时，生态系统的自我调节能力将受到限制（Harrison et al.，2014）。大量研究表明，生物多样性丰富的生态系统能够调节小气候，减轻甚至中止气象干旱、高温热浪等自然灾害对农作物、经济作物乃至人类及其居住环境的影响（苏宏新等，2010）。由于生物与非生物的相互作用主要发生在生态系统过程，而不是生态系统服务的传递过程，因此，生态系统对气候、气体和水文的调节功能是非线性的，难以准确预测的（Carpenter et al.，2009）。李琰等（2013）将生态系统服务与人类福祉紧密联系起来，将生态系统的气候调节、洪涝干旱调节、病虫害调节和水质调节、有毒有害物质清除等与人类福祉相关的衣食住行和舒适气候、健康维护、环境优美结合起来。这方面对应的生态系统指标主要有景观多样性（景观丰富度、景观连通性、景观斑块密度）、生态系统多样性（健康性、独特性、珍稀性）、物种多样性（野生物种多样性、可食用植物多样性、可食用动物多样性、可食用微生物多样性）。

（4）生物多样性与生态系统美学功能

生物多样性丰富的生态系统能够提供层次更为丰富的美学感受。不同物种物候期、生态位和茎叶花果功能性状不同，因而能够展示不同的色彩、空间特征、随时间变换的景色。多样化的鸟类、兽类和两栖类在完成授粉、清除农作物害虫、保持物种平衡之外，还能给人以美学方面的享受、精神上的启迪，达到人类福祉的更高层次，即为人类提供美学和精神文化的享受。

1.3.2 人类福祉对生物多样性的影响

人类社会和文明发展的很多过程都直接或间接引发了生物多样性的降低，包括农田开发占用自然栖息地，驯化外来物种替换本地野生物种，使用淡水和蓄水和其他人类活动等（Foley et al.，2005）。最近几十年全球基本商品贸易的爆炸性增长更是导致了生物多样性的丧失（Lenzen et al.，2012）。Maes 等（2012）分析了整个欧洲生态系统服务供给、生物多样性和生境保护之间的权衡与协同作用。他们的研究表明，生物多样性指数和生态系统服务供给关系受生态系统服务空间权衡的影响，其中影响最大的是作物生产和调节生态系统服务之间的关系。大多数生态系统服务的产生依赖于生态系统中的动植物。当生物多样性降低时，生态系统的结构会变得简单，降低抵抗力的稳定性和恢复力的稳定性，严重影响生态系统服务功能，进而降低人类福祉。

也有学者就人类福祉的提升对生物多样性的正向保护进行了研究。德国马克斯·普朗克人类历史科学研究所考古学系教授尼科尔·博伊文（Nicole Boivin）等在研究报告《人类塑造大部分陆地自然环境已有至少 12000 年》中指出，1 万多年前人类已经开始改变陆地环境，但并非都对自然起破坏作用。研究人员表示，人类社会很早就通过焚烧、耕种、驯养家畜等方式改变着陆地，这些活动不仅使土地更多产，在很多情况下还增强了物种丰富度和生物多样性。因此，支持本地的、基于社群的可持续社会福祉提升活动，更有助于生态保护产生成效（王悠然，2021）。

有利于人类福祉的合理开发活动能够保持生物多样性。土地利用类型在现有格局的基础上均发生较大变化。潘雯等（2022）依据土地利用类型/干扰强度与生物多样性的关系，制定了基线、美丽青海、智慧青海、和谐青海 4 种发展情景。其中，基线情景（按原有发展趋势）中湿地、森林、草地的面积均有所下降，导致生物多样性恢复速度缓慢。基于自然保护和经济发展的不同权衡，美丽青海、智慧青海、和谐青海 3 种情景则对未来土地利用布局的优化效果较好，大量中、高强度利用的草地恢复为湿地、原生林及低强度利用的草地；部分常规农田转换为优质农田；建设用地面积减少；生物多样性因而得以较大提高，生物多样性完整性相较于 2020 年都有所增加。

我国采取了许多提高人民福祉的相关工作措施，如大力推广新农村建设、推动农业可持续绿色发展，这些措施都有利于生物多样性保护。近年来先后发布了《农业绿色发展技术导则（2018—2030 年）》《全国农业可持续发展规划（2015—2030 年）》《国务院办公厅关于加强农业种质资源保护与利用的意见》等文件，对改进人居环境、提升粮食安全、促进农村发展、提升人民福祉有重要作用，这些措施会进一步保护生物多样性。

通过对浙江省武义县有机种植与常规种植基地的生物多样性调查发现，有机种植基地的物种多样性、丰富度及种群数量均高于常规种植基地，节肢动物种群数明显高于其他动物类群。可见人类活动，特别是有机种植活动，不仅可以增进人类健康福祉，也可以有效促进生物多样性发展（潘莉等，2022）。

因此，调节生物多样性与人类福祉的关系，使其向正向发展，持续地贡献人类福祉是未来研究的重点。人类的高质量发展在以人类福祉为中心的基础上要将生物多样性保护和经济发展有机结合，将自然保护和社会发展整体性推进，构建命运共同体，为人类繁衍生息、发展提供物质保障，为生物多样性保护提供基础。要从人类与动物的关系进一步聚焦人与生物多样性和谐共生，进而阐释其背后的生态价值、经济价值、文化价值，构建人类与生物多样性互惠共生的生命共同体。

1.4 多尺度人类福祉相关评价技术体系

建立评价指标体系首先需要明确在多大空间范围内或多大空间分辨率上开展，也就是空间的尺度问题，这决定了指标体系在其他地区的适用性（黄慧萍，2003）。不同的评价尺度，则应选取相对应的数据进行评价和分析。遥感影像信息依赖于地表空间尺度，观测的地理尺度越大，遥感影像的分辨率就越低，细节看起来就越模糊（郭建国，2000）。一个地物单元在小尺度上观察是异质的，而在大尺度上则可能变成均质的（傅伯杰等，2001）。由于不同的生物多样性保护指标体系会随着监测初衷的不同而存在相应的差异（Duelli et al.，2003），且采取的保护行动与措施也会随着保护范围的变化而发生变化，因此生物多样性保护存在尺度效应（张添咏等，2013）。对同一指标分别从自上而下和自下而上两个角度分析，可能得出不同的结论。因此评估的尺度影响分析的结果，同时还可能会影响保护措施和相关制度的制定（MA，2005）。

目前国内外已经在全球、区域（或国家）乃至生态系统尺度方面开展人类福祉相关指标的评价。其中，全球尺度人类发展指数（HDI）的影响最为深远和广泛；在区域尺度方面各国学者分别做了探索和研究，具体为全球尺度、中小尺度。

1.4.1 全球尺度

（1）联合国开发计划署人类发展指数

1990 年，联合国开发计划署创立了人类发展指数（HDI），将经济指标与社会指标相结合，选取预期寿命、教育水平、生活水平（人均 GDP）3 个参数，按照等权重构建 HDI。联合国开发计划署发布的《人类发展报告》中使用该指标来衡量各个国家人类发展水平，目前该指数每年测算并发布，是评估人类福祉最具影响力的指数，自 1990 年以来，已经利用 HDI 评估了 14 个国家促进经济增长和人类发展之间的关系。封志明等（2009）利用

HDI 作为评价和谐社会发展的主要依据，从全国、省、县 3 个空间尺度出发，探讨我国人文社会发展态势及其空间格局。

（2）可持续社会指数

可持续社会指数（SSI）是由荷兰环境基金会可持续发展社会基金会于 2004 年开发的，包含社会、环境和经济 3 个可持续发展方面的内容，通过简单而实用的方法来清晰地表达一个国家的可持续水平。该指数在 2006 年发布后，每两年更新一次。在 2018 版中评价了世界上超过 150 个国家的可持续社会状况，覆盖了世界上 99% 的人口，并得到广大学者的广泛认可。SSI 融合了人类福祉和环境福祉，在世界范围内拥有广泛的专家网络，目前 SSI 已成为全球公认的信息来源，其用户包括政府机构、非政府组织、私营企业和学术界。表 1-1 展示了 2018 版"可持续社会指数"的指标框架。2006 版和 2008 版的可持续社会指数是构建了一个包含 5 个维度的指标体系；2010 版之后的版本，可持续社会指数指标体系的维度变为 3 个福祉维度，更进一步细分为 7 个或 8 个类别，对环境福祉的认识也更加清晰。

表 1-1 "可持续社会指数"的指标框架（2018 版）

目标	维度	类别	指标
Sustainable Society Index（可持续社会指数）	Human Well-being（人类福祉）	Basic Needs（基本需求）	Sufficient Food（充足的食物）
			Sufficient Drinking Water（充足的饮用水）
			Safe Sanitation（安全的卫生设施）
		Personal Development & Health（个人发展与健康）	Education（教育）
			Healthy Life（预期寿命）
			Gender Equality（性别平等）
		Well-balanced Society（均衡的社会）	Income Distribution（收入分配）
			Population Growth（人口增长）
			Good Governance（有效的管理）
	Environmental Well-being（环境福祉）	Natural Resources（自然资源）	Biodiversity（生物多样性）
			Renewable Water Resources（可再生水资源）
			Consumption（消耗量）
		Climate & Energy（气候和能源）	Energy Use（能源使用）
			Energy Savings（节能）
			Greenhouse Gases（温室气体）
			Renewable Energy（可再生能源）
	Economic Well-being（经济福祉）	Transition（转型）	Organic Farming（有机农业）
			Genuine Savings（实际储蓄率）
		Economy（经济）	Gross Domestic Product（GDP）
			Employment（就业率）
			Public Debt（国债）

（3）联合国可持续发展委员会指标框架

联合国可持续发展委员会（United Nations Commission on Sustainable Development，UNCSD）于2007年发布《可持续发展指标：指导原则和方法》报告，详细介绍了指标体系、概念及方法。该指标体系对应《21世纪议程》的有关章节，分为经济、社会、环境、制度4个维度，以"驱动力-状态-响应"（DPRS）模式构建指标。在国家检验和评价的基础上，最终确定了4个维度、15个主题、38个子主题的指标框架；并确定了58个核心指标。其中，社会指标19个、环境指标19个、经济指标14个、制度指标6个，如表1-2所示。

表 1-2 联合国可持续发展委员会主题指标框架

维度	主题	子主题	指标
社会	公平	贫穷	生活在贫困线以下人口的比例；收入不公平的 GNI 系数；失业率
		性别平等	女性平均工资与男性平均工资的比率
	健康	营养状况	儿童营养状况
		死亡率	5 岁以下儿童死亡率；出生时的预期寿命
		卫生	拥有适当污水处理设施的人口比率
		饮用水	拥有安全饮用水的人口
		医疗服务	拥有基本医疗服务的人口比率；儿童传染病免疫率；避孕措施流行率
	教育	教育水平	儿童获得 5 年基础教育的水平；成人获得中等教育的水平
		识字率	成人识字率
	住房	居住条件	人均住房面积
	安全	犯罪	每 10 万人口的犯罪率
	人口	人口变化	人口增长率；城市正式和非正式居住的人口
环境	大气	气候变化	温室气体的排放量
		臭氧层耗减	臭氧耗减物质的消费量
		空气质量	城市地区空气污染物的浓度
	土地	农业	可耕地和永久农田面积；化肥的使用；农业杀虫剂的使用
		森林	森林面积占土地面积的比率；森林采伐强度
		荒漠化	受荒漠化影响的土地面积
		城市化	城市正式和非正式住区的面积
	海洋和海岸带	海岸带	海岸水体中海藻的浓度；生活在海岸地区的总人口的百分比
		渔业	重要渔业种类的捕获量
	淡水	水量	地下水和地表水的年使用量占可利用水资源总量的百分比
		水质	水体中的 BOD；淡水中大肠杆菌的浓度
	生物多样性	生态系统	关键生态系统的面积；保护区面积占总面积的百分比
		物种	关键物种的丰富度

维度	主题	子主题	指标
经济	经济结构	经济发展	人均 GDP
		贸易	GDP 中的投资份额；商品与服务贸易的平衡
		财政状况	债务与 GDP 的比率；提供的或得到的 ODA 总额占 GDP 百分比
	消费与生产模式	物资消费	物资使用强度
		能源利用	人均年能源利用量；可再生能源资源消费份额；能源利用强度
		废弃物生产与管理	工业和城市固体废物生产；有害废弃物生产；放射性废物生产；废物循环和再利用
		交通运输	人均交通旅行距离
制度	制度框架	SD 的战略实施	国家可持续发展战略
		国际合作	已批准的国际公约协议的实施
	制度能力	信息获取	每 1 000 名居民的网络用户数
		通信基础设施	每 1 000 名居民的电话拥有量
		科学与技术	研究与开发支出占 GDP 的百分比
		灾害预防与反应	自然灾害造成的经济和生命损失

（4）环境可持续性指数

环境可持续性指数（Environmental Sustainability Index，ESI）由美国耶鲁大学环境法律与政策中心、哥伦比亚大学国际地球科学资讯网络（Center for International Earth Science Information Network，CIESIN），以及世界经济论坛所合作开发，1999—2008 年公开发表。该指数评估自然资源、环境污染程度等 21 项环境指标，后来发展为环境绩效指数（Environmental Performance Index，EPI），增加了空气质量、气候与能源、生物多样性与栖息地等多项指标，以作为政策制定者、环境科学家、咨询者与一般大众更容易使用的基准指标。

ESI 包含能够反映自然资源禀赋、环境污染程度、环境管理力度、对保护全球生态系统的贡献以及提升生态环境绩效的能力等的多个变量，包含信息众多，对各国的统计数据项目和精度要求较高，在很多国家难以计算。尽管 EPI 已经简化，但是数据的缺失导致许多国家仍然无法计算，所以该指数测算结果争议较大。

（5）自然资本核算

2010 年，在日本名古屋召开的生物多样性大会上，世界银行启动了一项"财富核算和生态系统服务价值评估"（Wealth Accounting and Valuation of Ecosystem Services，WAVES）全球合作项目，目的是通过以自然资本价值为重点的全面财富核算以及将"绿色核算"纳入国民经济核算的方法，推动向绿色经济转型。Turner 等（2019）提出了 3 种自然资本核算的方法，一是扩展国民经济核算体系核算方法：与国民经济核算体系兼容，是目前最主要的一种方法，主要目标是将生态系统效益纳入国民经济核算体系，并计算它们对经济活动的贡献度。二是补充核算网络：以适用为基础，强调特殊的政策目标、战略目标和信息需求，这种方法可以反映国民经济核算体系的数据结构，但并不受完全兼容国民账户核算数据的限制，也不需要仅依赖货币化的物品或交换价值。三是福利核算：衡量总福祉变化的一种核算，这种方法需要了解所有形式的资本对人类福祉的边际贡献，需要价值估算的数据是最密集的。

（6）快乐星球指数

2006 年，新经济学基金会提出的快乐星球指数（Happy Planet Index，HPI）对生活满意度、生态环境保护以及预期寿命 3 项指标进行计算。它的计算方法是通过生活满意度和预期寿命相乘得到幸福生活，然后除以生态足迹，以此来探讨能否花费最少的资源让人们过上最幸福的生活。该指标通过衡量各国在创造长久幸福生活的同时能关注人类赖以生存的有限的生态资源的指标。

（7）自然对人类的贡献

生物多样性和生态系统服务科学政策平台（IPBES）提出了"自然对人类的贡献"（NCP）的概念，旨在更全面考虑自然与人类的关系。其目的是建立一种更加包容的方法来理解和解释不同利益相关者所持价值的多样性。NCP 所体现的自然实体间的象征关系是人们的认同感和精神满足感的重要组成部分，强调了多元化的世界观、文化差异、传统知识以及生物多样性对人类生活质量的贡献，明确文化在人类与自然之间的核心地位。NCP 将自然对人类的贡献归纳为环境过程调节、物质和辅助、非物质 3 大类 18 个子类，以生态系统产品和服务测度自然对人类的贡献；以良好的生活品质为目标，分析人为资产及其他因素对人类福祉的影响（李双成，2020；Díaz et al.，2015）。评估方式可分为NCP 的基于市场的货币估值、NCP 的非市场货币估值以及 NCP 的社会文化价值评估（Gomez-Baggethun et al.，2015）3 大类。

1.4.2　中小尺度

从中小尺度的研究来看，受自然条件、经济发展水平和风俗习惯的影响，福祉的内涵和评价标准也不尽相同。福祉的权重在不同地方具有明显差异性，呈现出明显的地域性特点，与区域服务功能稀缺性和区域经济发展水平可能有一定的相关性。在评价过程中，对福祉的权重应体现区域性特点，使评价结果更具有针对性（王大尚等，2014）。

Radford 等（2013）对曼彻斯特地区的生态系统服务功能进行了研究，其提出的生态系统服务分类主要包括审美（私人空间/公共空间/其他）、精神、娱乐、气候变化适应与缓解、噪声减缓、授粉潜力、生物多样性潜力、碳封存和水调节 9 项生态服务功能，强调了城市生态系统服务的特殊性。Haq（2009）从教育、健康、生活条件和经济情况 4 个方面评估巴基斯坦 100 个行政区在 2006—2007 年的人类福祉。潘影等（2012）基于土地利用图、统计年鉴及农户调研数据，分析宁夏固原市 1995 年和 2005 年食物供给、能源供给、水源涵养、就业供给与收入供给等指标，定量研究生态保育对农民福祉的影响。杨莉等（2010，2012）研究了黄土高原地区生态系统服务与农民福祉的关系。代光烁等（2014）以锡林郭勒盟为研究区域，建立人类福祉评价指标体系，通过牧户问卷调查了解牧户对草原生态系统服务和福祉变化的认识，结合当地的自然环境、生态环境和社会经济等多方面及多年的统计数据，对 2001 年和 2010 年牧民福祉变化进行了评估和分析。

随着不同学科背景的研究者参与到人类福祉的研究中来，生态环境与人类福祉之间的关系得到越来越多的关注。人类福祉与生态系统的时空尺度有着密切的关系，众多学者在全球尺度和国家尺度上对生态系统服务与人类福祉的关系进行了探讨，充分说明了人类福祉对生态系统服务的依赖性。大尺度上人类福祉的评价指标，对于区域尺度上的评价不一定适用，同时指标的表达方式也有差异，这些指标体系在操作上仍存在一定的不确定性（张添咏等，2013）。例如，选取的指标在某一空间尺度无法通过合理的说明或有效量化得出对生物多样性现状最为直观的判断。目前国际上提出一些可进行量化人类福祉的指标，主要从社会经济、人类幸福等方面进行评价，其与生态特征的联系不够紧密。为了进一步促进各地区开展生物多样性保护，为决策者制定政策提供理论依据，加强各层组织之间的相互联系，亟须制定一套适用于多个空间尺度的评价指标体系。

参考文献

陈灵芝，1993. 中国的生物多样性——现状与保护对策[M]. 北京：科学出版社.

代光烁，娜日苏，董孝斌，等，2014. 内蒙古草原人类福祉与生态系统服务及其动态变化——以锡林郭勒草原为例[J]. 生态学报，34（9）：2422-2430.

戴漂漂，张旭珠，刘云慧，2015. 传粉动物多样性的保护与农业景观传粉服务的提升[J]. 生物多样性，23（3）：408-418.

封志明，吴映梅，杨艳昭，2009. 基于不同尺度的中国人文发展水平研究：由分县、分省到全国[J]. 资源科学，31（2）：178-184.

傅伯杰，陈利顶，2001. 景观生态学原理及应用[M]. 北京：科学出版社.

国家环境保护局，1994. 中国生物多样性保护行动计划[M]. 北京：中国环境科学出版社.

环境保护部，2010. 中国生物多样性保护战略与行动计划（2011—2030 年）[R/OL]. （2010-09-17）[2023-08-08]. https://www.mee.gov.cn/gkml/hbb/bwj/201009/t20100921_194841.htm.

环境保护部，2011. 中国生物多样性保护战略与行动计划[M]. 北京：中国环境科学出版社.

环境保护部，2012. 关于实施《中国生物多样性保护战略与行动计划（2011—2030 年）》的任务分工和联合国生物多样性十年中国行动方案[R]. 环发〔2012〕68 号.

环境保护部，中国科学院，2013. 中国生物多样性红色名录——高等植物卷[M]. 北京：科学出版社.

环境保护部，中国科学院，2015. 中国生物多样性红色名录——脊椎动物卷[M]. 北京：科学出版社.

黄甘霖，姜亚琼，刘志锋，等，2016. 人类福祉研究进展——基于可持续科学视角. 生态学报[J]，36（23）：7519-7527.

黄慧萍，2003. 面向对象影像分析中的尺度问题研究[D]. 北京：中国科学院研究生院（遥感应用研究所）.

李宏俊，2019. 中国海洋生物多样性保护进展[J]. 世界环境，（3）：3.

李惠梅，张安录，2013. 生态环境保护与福祉[J]. 生态学报，33（3）：825-833.

李双成，2020. 如何科学衡量自然对人类的贡献——一个基于生态系统服务的社会-生态系统分析框架及其应用[J]. 人民论坛·学术前沿，（11）：28-35.

李琰，李双成，高阳，等，2013. 连接多层次人类福祉的生态系统服务分类框架[J]. 地理学报，68（8）：1038-1047.

联合国《生物多样性公约》秘书处，2020. 全球生物多样性展望（第 5 版）[R/OL]. https://www.cbd.int/gbo/gbo5/publication/gbo-5-zh.pdf.

刘士辉，马剑英，万秀莲，等，2007. 植物种多样性对生态系统功能的影响[J]. 西北植物学报，（1）：110-114.

马克平，1993. 试论生物多样性的概念[J]. 生物多样性，1（1）：20-22.

农业部，2016.全国畜禽遗传资源保护和利用"十三五"规划. [R/OL] http://wmoagov.cn/.

农业部，国家发展和改革委员会，科技部，2015. 全国农作物种质资源保护与利用中长期发展规划（2015—2030 年）[R].

潘莉，郑诚，邵晓姿，2022. 武义县有机种植产业有效促进生物多样性发展[J]. 中国环保产业，（9）：62-65.

潘雯，刘石慧，武泽浩，等，2022. 不同发展情景下青海省土地利用布局及生物多样性变化模拟[J]. 生物多样性，30（4）：103-116.

潘影，甄霖，杨莉，等，2012. 宁夏固原市生态保育对农民福祉的影响初探[J]. 干旱区研究，29（3）：553-560.

生态环境部，2019. 中国履行《生物多样性公约》第六次国家报告[M]. 北京：中国环境出版集团.

生态环境部，中国科学院，2018. 中国生物多样性红色名录——大型真菌卷[R].

生态环境部. 2018. 中国生态环境状况公报[R].

生态环境部. 2019. 中国海洋生态环境状况公报[R].

苏宏新，马克平，2010. 生物多样性和生态系统功能对全球变化的响应与适应：协同方法[J]. 自然，32（5）：272-280.

屠星月，黄甘霖，邬建国. 2019. 城市绿地可达性和居民福祉关系研究综述[J]. 生态学报，39（2）：421-431.

汪松，1998. 中国濒危动物红皮书（兽类 鸟类 鱼类 两栖类和爬行类）[M]. 北京：科学出版社.

王大尚，李屹峰，郑华，等，2014. 密云水库上游流域生态系统服务功能空间特征及其与居民福祉的关系[J]. 生态学报, 34 (1): 70-81.

王悠然, 2021. 辩证看待人类活动与生物多样性[N]. 中国社会科学报, 2021-4-23 (003).

邬建国, 2000. 景观生态学——格局、过程、尺度与等级[M]. 北京: 高等教育出版社.

邬建国, 何春阳, 张庆云, 等, 2014. 全球变化与区域可持续发展耦合模型及调控对策[J]. 地球科学进展, 29 (12): 1315-1324.

徐炜, 马志远, 井新, 等, 2016. 生物多样性与生态系统多功能性: 进展与展望[J]. 生物多样性, 24 (1): 55-71.

杨莉, 甄霖, 李芬, 等, 2010. 黄土高原生态系统服务变化对人类福祉的影响初探[J]. 资源科学, 32 (5): 849-855.

张添咏, 徐程扬, 2013. 不同尺度生物多样性监测研究进展[J]. 世界林业研究, 26 (2): 13-18.

张永民, 赵士洞, 2007. 多尺度评估的贡献及经验教训[J]. 地球科学进展, 22 (8): 851-856.

赵士洞, 张永民, 2006. 生态系统与人类福祉——千年生态系统评估的成就、贡献和展望[J]. 地球科学进展, 21 (9): 895-902.

Barnes A D, Jochum M, Lefcheck J S, et al., 2018. Energy flux: the link between multitrophic biodiversity and ecosystem functioning[J]. Trends in Ecology & Evolution, 33 (3): 186-197.

Carpenter S R, Mooney H A, Agard J, et al., 2009. Science for managing ecosystem services: Beyond the Millennium Ecosystem Assessment[J]. Proceedings of the National Academy of Sciences of the United States of America.

CBD, 1992. convention on biological diversity. Done at Rio de Janeiro.

Christie D A, Elliott A, Fishpool L D C, 2016. HBW and Birdlife International Illustrated Checklist of the Birds of the World. Lynx Edicions In Association With Birdlife International. Barcelona: Lynx Edicions.

Costanza R, Kubiszewski I, Giovannini E, et al., 2014. Development: Time to Leave GDP Behind[J]. Nature, 505 (7483): 283-285.

De grootrs, Wilson M A, Boumansr M J, 2002. A typology for the classification, description and valuation of ecosystem functions, goods and services[J]. Ecological Economics, 41 (3): 393-408.

Díaz S, Demissew S, Carabias J, et al., 2015. The IPBES conceptual framework: Connecting nature and people[J]. Current Opinion in Environmental Sustainability, 14: 1-16.

Duelli P, Obrist M K, 2003. Biodiversity indicator: The choice of values and measures[J]. Agriculture, Ecosystems and Environment, 98 (1/2/3): 87-98.

Foley A J, Defries R, Asner G P, et al., 2005. Global consequences of land use[J]. Science, 309 (5734): 570-574.

Gomez-Baggethun E, Martin-Lopez B, 2015. Ecological economics perspectives on ecosystem service valuation[M]. Cheltenham: Edward Elgar Publishing.

Haq R，2009. Measuring human well-being in Pakistan：Objective versus subjective indicators[J]. Mpra Paper，
　　9（3）：516-532.

Harrison P A，Berry P M，Simpson G，et al.，2014. Linkages between biodiversity attributes and ecosystem
　　services：A systematic review[J]. Ecosystem Services，9：191-203.

IPBES（Intergovernmental Science-Policy Platform on Biodiversity and Ecosystem Services），2019. Summary
　　for Policymakers of the Global Assessment Report on Biodiversity and Ecosystem Services of the
　　Intergovernmental Science-Policy Platform on Biodiversity and Ecosystem Services[R/OL]. https：
　　//www.ipbes.net/ system/tdf/ipbes_7_10_add-1-_advance.pdf？file=1&type=node&id=35329.（accessed
　　on 2019-07-08）.

Isbell F，Gonzalez A，Loreau M，et al.，2017. Linking the Influence and Dependence of People on Biodiversity
　　across Scales[J].Nature，546（7656）：65-72.

Karki M，Senaratna Sellamuttu S，Okayasu S，et al.，2018. The IPBES regional assessment report on
　　biodiversity and ecosystem services for Asia and the Pacific[R]. Secretariat of the Intergovernmental
　　Science-Policy Platform on Biodiversity and Ecosystem Services. Bonn，Germany：146-150.

Lenzen M，Moran D，Kanemoto K，et al.，2012. International trade drives biodiversity threats in developing
　　nations[J]. Nature，486（7401）：109-112.

Mace G M，Norris K，Fitter A H，2012. Biodiversity and ecosystem services：A Multilayered Relationship[J].
　　Trends in Ecology & Evolution，27（1）：19-26.

Mackenzie A，Ball A S，Virdee S R，1998. Instant Notes in Ecology[M]. Oxford：Bios Scientific Publishers
　　Limited.

Maes J，Paracchini M L，Zulian G，et al.，2012. Synergies and trade-offs between ecosystem service supply，
　　biodiversity，and habitat conservation status in Europe[J]. Biological Conservation，155（Complete）：
　　1-12.

Maslow A H，1954. Motivation and Personality[M]. New York：Harper and Row.

Millennium Ecosystem Assessment，2003. Ecosystems and Human Well-Being：A Framework for
　　Assessment[R]. Washington DC，USA：Island Press：62-63.

Millennium Ecosystem Assessment，2005. Ecosystem and Human Well-being Biodiversity Synthesis[R].
　　Washington DC，USA：Island Press：85-86.

Pascual U，Balvanera P，Díaz S，et al.，2017. Valuing nature's contributions to people：The IPBES approach[J].
　　Current Opinion in Environmental Sustainability，26-27：7-16.

Paton A J，Brummit N，Govaerts R，et al.，2008. Towards target 1 of the global strategy for plant conservation：
　　A working list of all known plant species-progress and prospects[J]. Taxon，57：1-10.

Radford K G，James P，2013. Changes in the value of ecosystem services along a rural–urban gradient：A case study of Greater Manchester，UK[J]. Landscape and urban planning，109（1）：117-127.

Russel D，Benson D，2014. Green budgeting in an age of austerity：a transatlantic comparative perspective[J]. Environmental Politics，23（2）：243-262.

Smith L M，Case J L，Smith H M，et al.，2013. Relating ecoystem services to domains of human well-being：Foundation for a U.S. index[J]. Ecological Indicators，28：79-90.

Song G E，2017. What determines species diversity？[J]. Chinese Science Builetin，62（19）：2033-2041.

Summers J K，Smith L M，Case J L，et al.，2012. A review of the elements of human well-being with an emphasis on the contribution of ecosystem services[J]. Ambio，41（4）：327-340.

Summers J K，Smith L M，Case J L，et al.，2012. A review of the elements of human well-being with an emphasis on the contribution of ecosystem services[J]. Ambio，41（4）：327-340.

Tasharntke T，Tylianakis J M，Band T A，et al.，2012. Landscape moderation of biodiversity patterns and processes-eight hypotheses[J]. Biological Reviews，87（3）：661-685.

The New Economics Foundation，2008. European Happy Planet Index[J/OL]. International Journal of Sustainability in Higher Education. 9（1）：11-16. https：//doi.org/10.1108/ijshe.2008.24909aab.004.

Turner K，Badura T，Ferrini S，2019. Natural capital accounting perspectives：A pragmatic way forward[J]. Ecosystem Health and Sustainability，5（1）：237-241.

United Nations Environment Programme（UNEP），1995. Global biodiversity assessment[R]. Nairobi，Kenya：UNEP.

United Nations Environment Programme（UNEP），2019. Global Environment Outlook 6（GEO-6）[R].Nairobi，Kenya：UNEP.

United Nations Environmental Program，1998. Human Development Report 1998[R]. New York，USA：Oxford University Press.

Wilson D E，Reeder D M，2005. Mammal species of the world：A Taxonomic and Geographic Reference（3rd ed）[M]. New York：Johns Hopkins University Press：142.

Wu J，2013. Landscape sustainability science：Ecosystem services and human wellbeing in changing landscapes[J]. Landscape Ecology，28：999-1023.

WWF（World Wildlife Fund），2022. Living Planet Report 2022-Building a nature-positive society[R/OL]. https：// wwflpr.awsassets.panda.org/downloads/lpr_2022_full_report.pdf.

Zhang L B，Gilbert M G，2015. Comparison of classifications of ascular plants of China[J]. Taxon，64：17-26.

第 2 章　生物多样性对人类福祉贡献评估的框架体系

第 1 章我们对生物多样性、人类福祉及其相关关系评价方法进行了探讨，可以看出人类福祉的内涵较为广泛，包括客观福祉和主观福祉。客观福祉是从生活的各个维度对福祉进行客观的综合评价，主要包括教育、环境、收入和基本设施等物质或非物质的产品或服务；主观福祉是指个体对自身或社会的幸福感和对生活的满意度。由于主观福祉更多受客观福祉和社会心理因素的影响，难以量化和描述。因此，本章讨论的人类福祉主要侧重客观福祉部分，从物质、社会属性方面，客观、定量测度生物多样性对人类福祉的影响和贡献。

本章在已有研究的基础上，进一步提出了生物多样性-生态系统服务-人类福祉理论框架，并按照可量化、可操作等原则对指标进行优化和调整，提出了多尺度的评估指标体系，对指标含义、权重设置等进行了解释和确定。

2.1　理论框架

生物多样性是人类福祉的基础，一方面可以直接贡献人类福祉，另一方面通过支持的生态系统服务功能间接贡献人类福祉。生物多样性是生态系统功能的主要驱动力，二者共同构成了生物多样性贡献人类福祉的基础。在生物多样性对人类福祉贡献的评估中，建立起一个评估理论框架体系指导评估指标的选取和评估体系的构建，厘清生物多样性、生态系统服务功能和人类福祉三者之间的关系，明确评估思路和实施工作机制十分重要。为此，本研究将生态系统服务功能作为生物多样性与人类福祉之间的桥梁，采用生物多样性-生态系统服务-人类福祉的链条，构建并逐步完善生物多样性的层次、结构、过程、功能、服务与人类福祉贡献的概念框架。根据"生物多样性-生态系统功能-生态系统服务-人类福祉"的级联框架，生物多样性评估是生态系统服务评估的基础，评估的重点和最终落脚点是生态系统服务。

随着研究的深入，生物多样性-生态系统服务-人类福祉理论框架得到不断丰富和发展。本研究在联合国"千年生态系统评估"（MA）对生物多样性功能重要性十年研究的基础上，提出了一个生物多样性贡献人类福祉的观点，即生物多样性通过遗传、物种、生态系统及其关系所产生的生态系统服务来贡献人类福祉。本观点为生物多样性既是生态系统功能的驱动因素，也是生态系统服务本身。MA 以生态系统服务和人类福祉为核心的概念框架，评估了全球和区域生态系统服务丧失及其对人类福祉的影响。Mace 等将生物多样性嵌入理论框架中，使其同时成为生态系统功能（过程）、生态系统服务和生态系统的调节器。英国生态系统评估（UK NEA）框架建立在 MA 的基础上，围绕着人类福祉与环境之间的联系，探索生态系统及其服务变化的驱动因素。西班牙生态系统评估框架从生态系统（供给）和人类系统（需求）层面，探索生物多样性、生态系统功能、服务、福祉与价值的级联关系。在 MA、英国和西班牙生态系统评估框架的基础上，形成了生态系统服务的国际分类（Common International Classification of Ecosystem Services，CICES）的"生态系统结构与过程—功能—服务—收益—价值"的级联框架。政府间生物多样性和生态系统服务平台（IPBES）在西班牙国家生态系统评估框架的基础上，结合了 MA 和驱动影响—响应框架的元素，将生物多样性与生态系统相结合，并归入"自然"的范畴，提出"自然对人类的贡献"。该框架突出了不同时空尺度、不同知识系统内，生物多样性、生态系统、生态系统服务及其变化的驱动力与人类福祉之间的相互作用和影响；并强调以评估框架作为生物多样性和生态系统服务评估研究的"脚手架"，探索生态系统服务的形成和影响机制、服务之间的联系和作用机理。De Grootrs 等（2002）在联给生态系统服务和人类福祉的框架中，突出了生态系统服务来自生态系统功能，是生态系统结构和过程满足人类需求的能力。Haines-Young 和 Potschin（2007）借鉴了 De Grootrs 等的框架理论，提出了"生态系统结构与过程—功能—服务—收益（价值）"的级联框架，强调了生物物理结构对生态系统服务的支撑作用。

尽管这些理论框架对于生物多样性在联给生物多样性和生态系统服务评估框架中的位置和作用并无一致的结论，但框架理论的核心内容和逻辑关系可以概述为以下几点：①生物多样性支撑了生态系统结构、功能与服务之间的关系；②生物多样性决定了生态系统过程的量级和稳定性；③生态系统结构和过程相互作用形成生态系统功能；④生态系统服务是生态系统功能的产品以及生态系统功能在形成人类福祉中的价值。

本研究综合这些框架，构建生物多样性-生态系统服务-人类福祉关系的理论框架，探讨生物多样性对人类福祉的贡献，其实质是探讨生态系统中物种数量、物种质量、物种间关系以及生物与环境相互作用等如何影响生态系统服务，从而进一步影响人类福祉。生物多样性与人类福祉的级联框架图如图 2-1 所示。

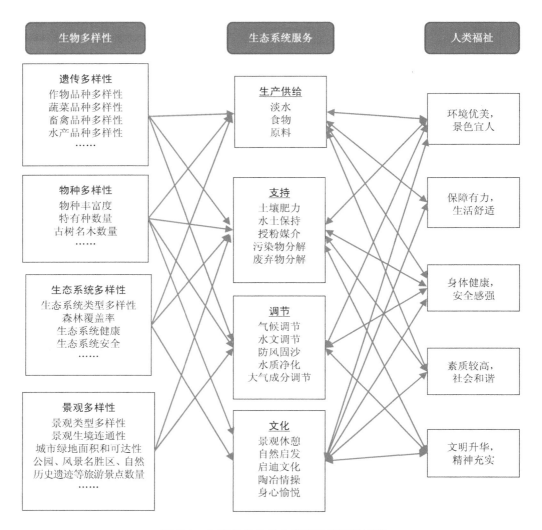

图 2-1   生物多样性与人类福祉的级联框架

基于生物多样性与人类福祉的级联框架，搜集与生物多样性贡献人类福祉的相关指标。生物多样性是所有农作物和家养牲畜的起源及其品种多样性的基础。基因和物种水平上的生物多样性直接有益于某些商品和它们的价值。例如，一些包含高水平遗传多样性的物种用于食品和纤维；野生植物具有的潜在的药用价值；野生作物亲本的遗传多样性对于作物品种改良具有重要意义，对于生物燃料作物和牲畜来说也是如此；传粉动物为农业景观提供了重要的生态服务，维持传粉动物的物种多样性或功能群多样性可以提高作物授粉的成功率，直接关系着作物的产量和经济价值。因此，遗传多样性和野生物种多样性直接贡献了其商品和价值的最终生态系统服务。

另外，生物多样性在调节生态系统服务方面具有重要作用。生物多样性可以缓冲环境变化，在生态系统面对干扰时维持一定的生态系统服务。尽管大多数生态系统服务的产生依赖于生态系统中的动植物，但其质量和数量与野生动植物的多样性之间往往没有简单关联。主流观点认为，当生物多样性元素丢失时，生态系统将变得不那么有弹性（Harrison et al.，2014）。

日前国内外对生物多样性与生态系统服务和人类福祉的结合研究，在世界生物多样性热点地区仍然非常缺乏（Pires et al.，2018）。社会福祉的提高与生态系统服务价值并不一致，服务价值高的地方社会福祉不一定高，二者呈现出复杂的关系（Xu et al.，2019）。生物多样性指标对人类福祉的指标贡献通常是多元的，因此，研究生物多样性-生态系统服务-人类福祉之间关系的基础理论，对定量描述生物多样性贡献人类福祉具有重要作用。表 2-1 为生物多样性表征指标及贡献人类福祉的理论依据。

表 2-1　生物多样性表征指标及贡献人类福祉的理论依据

生物多样性表征指标	含义	贡献人类福祉的理论依据	关联的人类福祉	国内国外应用情况
作物品种多样性	区域内谷类作物（小麦、水稻、玉米）、薯类作物（包括甘薯、马铃薯等）及豆类作物（包括大豆、蚕豆、豌豆、绿豆等）品种的数量	作物品种多样性提高抵抗自然灾害能力（张永民，2006），减轻病虫害（时培建等，2014），是保护粮食安全的重要途径（李松梧，2007），保证人体营养健康（FAO，2017），同时粮食品种多样化提升饮食幸福感	提高经济收入，增加食品供应，提高身体健康指数，保障粮食安全，提升幸福感，提高人均肉蛋禽消费量	张永民，2006；CBD2020 生物多样性目标：目标 13；徐海根等，2010/2012/2016；张琦等，2019；蓝红星等，2018
蔬菜品种多样性	区域内可以烹饪成食品的一类植物或菌类品种的数量	蔬菜品种多样性提高抵抗自然灾害能力（张永民，2006），利于保护传统文化（邵桦等，2017），蔬菜多样化提升饮食幸福感		CBD2020 生物多样性目标：目标 13；徐海根等，2010
畜禽品种多样性	区域内经过长期人类劳动驯化的各种动物的数量	畜禽品种资源是畜牧业生产发展的基础，是畜禽遗传育种工作的基本素材，是全球人类的生产生活资料（张沅，2011）		
水产品种多样性	区域内海洋和淡水渔业生产的水产动植物品种的数量	水产食品营养丰富，风味各异，是重要的蛋白质饲料、人类水鲜食品，具有多种化工、医药用途（蔡生力，2015）		张永民，2006；CBD2020 生物多样性目标：目标 13；徐海根等，2010

生物多样性表征指标	含义	贡献人类福祉的理论依据	关联的人类福祉	国内国外应用情况
物种丰富度	区域内的动植物总数（鸟类、兽类、鱼类等动物均以自然环境中生存的种类计算，人工饲养者不计入）	促进生态系统稳定性（文志等，2020），提升生态系统服务能力（Maestre et al., 2012），降低传染病发病率（Kilpatrick et al., 2017），传粉昆虫多样性促进了粮食安全、生态稳定等（Barataa et al., 2016）	保障生态环境质量，提供健康的生态环境，提供饮用水水源，调节气候等	张永民，2006；CBD2020 生物多样性目标：目标 13；徐海根等，2012；于丹丹，2017；傅伯杰等，2017；文志等，2020。物种丰富度是衡量一个地区生物多样性、生态保护、生态建设与恢复水平的较好指标（住房和城乡建设部，2016；国家林业局，2012）
特有种多样性	该区域国家级、省区级特有种（因历史、生态或生理因素等原因，造成分布局限于某一特定的地理区域，而未在其他地方中出现的物种）的数量	具有存在价值和特有价值；发挥特有种相关文化功能；促进生态系统稳定性、生态健康和生态安全，增强本土物种相关本土文化的幸福感和满足感（CBD2020 生物多样性目标：目标 13）（徐海根等，2010/2012；傅伯杰等，2017）	保障生态环境质量，提供健康的生态环境，提供饮用水水源，调节气候等，增强物种相关本土文化的幸福感和满足感	CBD2020 生物多样性目标：目标 13；徐海根等，2010/2012；傅伯杰等，2017。物种多样性能够减少动物传染疾病的风险，改善人类健康福祉（Kilpatrick et al., 2017）
古树名木数量	一般树龄在百年以上的大树即为古树；那些树种稀有、名贵或具有历史价值、纪念意义的树木则可称为名木。古树名木的分级：古树分为国家一级、二级、三级	具有经济价值、生态保护价值、旅游价值、历史价值、研究价值，自然历史遗迹、自然启发、安全感、指示自然灾害和生态安全（胡明文，2016；金志勇，2011）	自然历史遗迹、自然启发、安全感、指示自然灾害和生态安全	建设部，2000
森林覆盖率	指森林面积与土地面积的百分比。森林是指包括郁闭度在0.2 以上的乔木林地面积和竹林地面积，国家特别规定的灌木林地面积、农田林网以及村旁、路旁、水旁、宅旁林木的覆	森林由调节作用产生的有利于人类和生物种群生息、繁衍的效益，为生态系统稳定提供基础；能有效保护生物多样性，地球上有一半以上的生物在森林中栖息繁衍；同时提供日常生活的必需品，如食物、木材等（金志勇，2011；刘秀萍，2017）	提供良好的生活环境，食品生产，改善小气候，保障生态安全，调节情绪，自然启迪，森林游憩文化享受	城市森林覆盖率南方城市达到35%以上，北方城市达到25%以上（国家林业局，2012）

生物多样性表征指标	含义	贡献人类福祉的理论依据	关联的人类福祉	国内国外应用情况
	盖面积			
生态系统健康	区域内生态系统稳定性和可持续性,能维持其组织且保持自我运作的能力,对外界压力弹性的大小可通过生态系统健康指数=压力×组织×弹性进行计算	生态系统的健康和相对稳定是人类赖以生存和发展的必要条件,维护与保持生态系统健康,促进生态系统的良性循环,关系到人类的健康生存(刘焱序等,2015)	促进人类身体健康,维护生态安全,提高环境质量,给予安全感,提高满意度等	张永民,2006;徐海根等,2016。物种多样性能够减少动物传染疾病的风险,改善人类健康福祉(Kilpatrick et al.,2017)
生态系统安全	研究区内未退化生态系统面积所占比例	生态安全是人类生存环境或人类生态条件的一种状态,也是生态系统满足人类生存与发展的必备条件(黄荣珍等,2016;王志强等,2017)	提高环境质量,给予生活安全基础,提高生态系统生产力和生活满意度等	徐海根等,2012;中国履行《联合国防治荒漠化公约》国家报告;Gbetibouo et al.,2010;联合国可持续发展委员会(UNCSD)可持续发展指标体系
景观类型多样性	研究区内景观类型的数量,常用香农—维纳指数等表征:$SH=\sum (p_i)(\ln p_i)$,p_i表示某种景观类型的面积占区域总面积的百分比	景观多样性与地区内文明历史的长短和自然环境分异程度有关。文明历史越长,人文景观的丰度越高;自然环境变化越强,自然景观种属的丰度也越高	维护生态安全,提高环境质量,给予安全感,提高满意度,提高生态系统生产力	卢训令等,2019;彭羽等,2016;范敏等,2018
景观生境连通性	区域内景观斑块之间的连通性程度	有利于生态稳定,进一步发挥各项生态系统服务功能,提升人类福祉(Naeem et al.,2016;岑晓腾,2016;杨倩,2017)	增加城市绿地面积,提高生态连通性,保障生物栖息、繁衍等	徐海根等,2012;英国国家生态系统评估UK NEA;傅伯杰等,2017;Hausmann et al.,2016
人均公共绿地面积和绿地可达性	人均公共绿地面积指在城市建成区的公共绿地面积与相应范围城市人口之比。绿地可达性是指区域内居民前往绿地的难易程度。可通过行政或统计单元计算法、最小邻近距离法、服务区法和引力模型法进行计算	绿地具有空气净化、固碳效应、降噪效应、降温效应和美景服务 5 种生态系统服务功能(王瀚宇,2017),具体包括调节局地气候,减少噪声和空气污染,健身锻炼、聚会交流、休闲游憩等休闲服务,改善居民健康,维持良好社会关系,提高生活质量,提升幸福感(屠星月等,2019)	生态支持与生态协调,身心健康、精神愉悦,幸福感	建成区人均公共绿地面积≥12m²(住建部,2016),城市建成区(包括县建成区)人均公共绿地面积9 m²以上(国家林业局,2012)按照世界卫生组织推荐的国际大都市,人均公共绿地面积 20 m²。多数市民出门平均 10 min 能到达绿地(美国国家娱乐及公园协会);15 min 内能够到达绿地(欧洲环境局)
公园、风景名胜区、自然历史遗迹等旅游点数量	区域内各类公园、风景名胜区、自然历史遗迹、风景区、旅游点的数量	历史遗迹能够增强地域文化自豪感、促进传统文化保护(Hausmann et al.,2016)	生态支持与协调,身心健康,游憩功能,提升幸福感	徐海根等,2016;Hausmann A et al.,2016

2.2　指标选取原则

2.2.1　多层次和尺度差异性

生物多样性对人类福祉的评估具有评估指标的多层次性和空间尺度的差异性。生物多样性包括遗传、物种和生态系统多样性 3 个层次，基于多层次的指标有助于评估不同空间尺度下生物多样性与人类福祉之间的联系，建立适用于全球、国家、区域、地方等多尺度空间的指标体系，便于进行对比和分析，服务不同尺度上评估生物多样性对人类福祉的影响和贡献，支撑各级政府制定和调整生物多样性保护的政策和对策，更大程度上发挥和提高生物多样性对人类福祉的积极作用。

2.2.2　典型性

选取具有典型性，能够反映出特定区域的特征，且适应不同研究尺度的指标。即使在减少指标数量的情况下，也能够保证数据计算和结果的准确性。例如，生态调节贡献从物种、生态系统、生态系统服务、生态系统质量二级指标下选取三级指标，相似意义的指标不重复选取，指标冗余度大大降低。在区域进行推广应用时，三级指标可根据当地特点选择代表性数据表征，如在计算物质贡献的粮食产量时，西北地区可考虑以牧草产量作为三级指标，南方地区可以选取油茶产量作为三级指标。

2.2.3　可量化

选取可量化的指标可以保证评价的客观性，避免受主观因素的影响，便于进行数学计算、模拟和分析，而且更加直观。根据量化所得出的结果进行分级评价，进行可信、有效、准确的评价和判断，得出正确的结论。

2.2.4　可获得性

指标所需要的数据必须是较为方便获取的。第一类是通过官方途径获取的公开数据，如生态环境部门、林业和草原部门、自然资源部门、统计部门等公布的数据；第二类是通过遥感获得的空间相关数据，遥感数据是生态服务功能评价的最重要和最可靠的数据；第三类是通过实地调查得到的数据，需要经过野外采集，并经过科学分析和计算后得到，是生物多样性评估的重要基础。数据科学且相对容易获取，可最大限度地保障数据的时间连续性和可比性，这是评估工作的关键。

2.3　多尺度评估指标体系

2.3.1　指标选取

　　建立生物多样性对人类福祉贡献的评估框架。本节在理论框架的基础上，进一步参考 IPBES 提出的 NCP 评估方法，从物质贡献、生态调节贡献和精神文化贡献 3 个方面构建生物多样性对人类福祉贡献的评估指标体系。根据数据的可获得性和可比性，构建国家尺度、省域尺度和县域尺度三级指标体系。国家和省域尺度指标选取主要考虑指标在大尺度的可获得性和可比性；县域尺度的指标选取更加注重地方特色，尽可能反映当地自然地理、生态环境、经济结构和社会发展的状况。每个评价体系都因研究对象、目的的不同而有不同适用范围。因此在选择指标时借鉴了国际主流指标体系（United Nations Environmental Program，1998；Diener，1995；Prescott-allen，2001）与中国本土指标（傅伯杰等，2017），选取了和生物多样性直接相关的指标，构建了我国不同尺度下生物多样性对人类福祉贡献的评估框架（表 2-2），具有更强的普适性和可操作性。

表 2-2　不同尺度下生物多样性对人类福祉贡献的评估框架

一级指标	二级指标	三级指标	国家尺度	省域尺度	县域尺度
物质贡献（提供人类生产、生活所需的物质产品）	农产品供给	农田生态系统面积	√	√	√
		农业产值/粮食产量			√
	畜牧和渔业产品供给	畜牧业产值/肉蛋奶产量			√
		渔业产值/水产类产量			√
	林产品供给	林业产值/经济林面积			√
生态调节贡献（生态调节、维护生态安全）	物种与基因安全	物种丰富度		√	√
		古树名木数量			√
		红色名录物种数	√	√	√
	重要生态系统状况	天然林面积比例	√	√	√
		沼泽湿地面积比例		√	√
		自然保护区面积比例	√	√	√
	生态调节功能	植被覆盖度			√
		固碳量	√	√	√
		水分盈亏量			√
	区域生态系统质量	自然度		√	√
		重要生态空间连通度		√	√

一级指标	二级指标	三级指标	国家尺度	省域尺度	县域尺度
精神文化贡献	自然遗产	联合国教科文组织（UNESCO）确认的自然、文化遗产以及联合国（UN）重要湿地数量	√	√	√
	城市蓝绿空间	城市人均绿地面积		√	√
		城市人均水面面积			√

2.3.2 指标含义

（1）物质贡献

1）农产品供给。农田生态系统可以将环境中的能量、物质、信息和价值资源转变成人类需要的产品。一般情况下，农田生态系统面积和农产品供给也反映了一个国家的农业发展水平。维持适宜农田生态系统面积，有利于促进经济增长方式转变，提高农村生活环境和土地质量，能够提供农产品等直接价值，还有调节、文化服务等间接价值。此外，保障粮食供给可以保证人体营养、健康，提高身体健康指数、经济收入和幸福感，是维持社会稳定发展的重中之重。

2）畜牧和渔业产品供给。畜牧和渔业的发展也可以看作是反映一个国家农业发展水平的重要标志，可有效保障食物安全，有多种化工、医药用途，提高健康水平，提高经济收入，保障食品供应，提高身体健康指数、粮食安全、幸福感、人均肉蛋禽消费量和人均水产品消费量。

3）林产品供给。林产品在保障我国粮食安全、能源安全、工业原料供给和生活质量方面具有重要意义，须充分发挥山区、丘陵地区的优势，提高经济收入、生态效益，提升水土保持、防风固沙功能。

（2）生态调节贡献

1）物种与基因安全。维持物种与基因安全，可以促进生产力和生态系统稳定性，提升生态系统服务，降低传染病风险，维护粮食安全和生态安全。同时具有经济价值、生态保护价值、研究价值，增强与本土物种相关文化的幸福感、满足感和安全感，是建立自然保护区、制定保护规划和履行《保护世界文化和自然遗产公约》等多项国际条约的重要依据。

2）重要生态系统状况。在保护生态安全和生物多样性、提高生活质量、改善生活环境、提升幸福感方面具有重要作用。天然林是森林生物有机体与无机环境之间密切关系的综合体，对于生态系统修复、生物多样性保护具有重要价值。湿地被称为"地球之肾"，不仅能够提供食物、生物资源和水资源，还可以维持生态平衡、调节气候。自然保护区是储备物种、提供物种生存和自然进化的场所，为物种及其生境提供保护屏障，维持生态系统平衡、改善当地及周围环境。

3）生态调节功能。植被具有生态调节功能，可提供生活环境、改善小气候、维持生态安全、提高森林游憩文化享受。植被覆盖度在一定程度上可以反映生态系统状况。固碳量反映植被群落在自然环境条件下的生产能力和陆地生态系统的质量状况，可提高土壤有机质、吸收二氧化碳、减缓温室效应。水分盈亏量反映气候的干湿状况，为合理调节水分供需矛盾提供依据，增加水分含量可以提高空气质量和舒适感。

4）区域生态系统质量。提高区域生态系统质量，有利于生态稳定，进一步发挥生态系统各项服务功能，提升人类福祉。自然度可用于自然保护价值和森林现状的评价及森林经营计划的制订。提高重要生态空间连通度有利于提高区域可持续发展能力。

（3）精神文化

1）自然遗产。自然遗产具有存在价值、历史价值和特有价值，发挥自然遗产的特有文化和游憩功能，可促进传统文化保护（Hausmann et al.，2016），提高生态支持与协调，有利于身心健康，提升幸福感。

2）城市蓝绿空间。城市绿地具有空气净化、固碳效应、降噪效应、降温效应和美景服务 5 种生态系统服务功能（王瀚宇，2017），可提高生态支持与生态协调，有助于居民身心健康、精神愉悦、提高幸福感。增加水面面积能够改善气候、净化空气、吸纳营养物质、保证供水安全、调节气温、提高居住环境质量。

2.3.3　指标权重设置

指标权重体现了指标的差异性和不同的重要性程度，直接影响评价的结果。本研究建立的指标体系包括 3 个一级指标、9 个二级指标。为了科学获得各项指标的权重，本研究邀请了中国科学院相关研究所、北京大学、清华大学、北京师范大学等大专院校有关自然地理、生态环境、经济社会、遥感等领域的专家进行权重打分，并结合多方面建议，整合得到指标体系及权重，如表 2-3 所示。

表 2-3　生物多样性贡献人类福祉指标体系权重

一级指标	一级指标权重	二级指标	二级指标权重	三级指标	三级指标权重
1. 物质贡献（提供人类生产、生活所需要的物质产品）	0.37	1.1 农产品供给	0.36	农田生态系统面积	0.44
				农业产值/粮食产量	0.56
		1.2 畜牧和渔业产品供给	0.30	畜牧业产值/肉蛋奶产量	0.50
				渔业产值/水产类产量	0.50
		1.3 林产品供给	0.34	林业产值/经济林面积	1.00

一级指标	一级指标权重	二级指标	二级指标权重	三级指标	三级指标权重
2. 生态调节贡献（生态调节、维护生态安全）	0.41	2.1 物种与基因安全	0.22	物种丰富度	0.36
				古树名木数量	0.22
				红色名录物种数	0.42
		2.2 重要生态系统状况	0.23	天然林面积比例	0.30
				沼泽湿地面积比例	0.29
				自然保护区面积比例	0.41
		2.3 生态调节功能	0.28	植被覆盖度	0.35
				固碳量	0.35
				水分盈亏量	0.30
		2.4 区域生态系统质量	0.27	自然度	0.51
				重要生态空间连通度	0.49
3.精神文化贡献	0.22	3.1 自然遗产	0.40	UNESCO 确认的自然、文化遗产以及 UN 重要湿地数量	1.00
		3.2 城市蓝绿空间	0.60	城市人均绿地面积	0.50
				城市人均水面面积	0.50

基于以上指标体系，得到综合评估指数：

综合评估指标（CI）=物质贡献×0.37 +生态调节贡献×0.41 +精神文化贡献×0.22   （2-1）

式中：物质贡献=农产品供给×0.36 +畜牧和渔业产品供给×0.30 +林产品供给×0.34；

生态调节贡献=物种与基因安全×0.22+重要生态系统状况×0.23+生态调节功能×0.28+区域生态系统质量×0.27；

精神文化贡献=自然遗产×0.40 +城市蓝绿空间×0.60。

2.3.4 指标来源及计算方法

三级指标计算方法如表 2-4 所示。

表 2-4 三级指标计算方法

三级指标	计算方法	数据来源
农田生态系统面积/km²	区域农田生态系统的面积	遥感影像解译获得土地利用类型数据
农业产值（万元）/粮食产量（t）	日历年度内农业产值/粮食产量	统计数据
畜牧业产值（万元）/肉蛋奶产量（t）	日历年度内畜牧业产值/产量	统计数据
渔业产值（万元）/水产类产量（t）	日历年度内渔业产值/水产或类产量	统计数据
林业产值（万元）/经济林面积（km²）	日历年度内林业产值/经济林面积	遥感影像解译获得土地利用类型数据和统计数据

三级指标	计算方法	数据来源
物种丰富度/种	区域范围内各类物种的种数	统计和调查数据
古树名木数量/株	区域内古树名木的数量	统计和调查数据
红色名录物种/种	区域内红色名录物种的数量	统计和调查数据
天然林面积比例/%	区域内森林生态系统的面积比例	遥感影像解译获得土地利用类型数据
沼泽湿地面积比例/%	区域内湿地生态系统的面积比例	遥感影像解译获得土地利用类型数据
自然保护区面积比例/%	区域内国家级自然保护区面积比例	遥感影像解译获得土地利用类型数据和区划数据
植被覆盖度/%	区域内植被面积占总面积的比例	遥感影像解译获得土地利用类型数据
固碳量	区域内植被净初级生产力 NPP 均值	遥感监测数据
水分盈亏量/mm	降水量-蒸散发量	遥感监测数据
自然度/%	区域内自然用地面积比例	遥感影像解译获得土地利用类型数据
重要生态空间连通度	重要自然生态空间（林地、草地等）间的连通程度	遥感影像解译获得土地利用类型数据
UNESCO 自然、文化遗产以及 UN 重要湿地数量/处	区域内 UNESCO 确认的自然、文化遗产以及 UN 重要湿地数量	统计和调查数据
城市人均绿地面积/（m²/人）	区域绿地面积与当地非农业人口的比值	遥感影像解译获得土地利用类型数据和统计数据
城市人均水面面积/（m²/人）	区域各种水面面积与当地非农业人口的比值	遥感影像解译获得土地利用类型数据和统计数据

指标体系中各三级指标的构建方法可分为以下 4 个方面：基于遥感数据解译得到的指标，基于文献统计资料以及区划数据构建的指标，基于遥感数据经过二次加工计算得到的指标，遥感数据与文献统计数据结合构建的指标。各类指标具体计算方法如下：

（1）基于遥感数据解译得到的三级指标，包括农田生态系统面积、林业产值/经济林面积、天然林面积比例、沼泽湿地面积比例、植被覆盖度、自然度以及重要生态空间连通度 7 项指标。本研究以陆地卫星（Landsat）数据作为遥感解译影像数据源，下载区域多时相影像数据，通过辐射校正、几何校正、大气校正等步骤统一对数据进行预处理；数据投影系统采用 Albers 正轴等面积双标准纬线圆锥投影，通过对预处理后的影像数据进行批量裁剪与拼接后，得到区域土地覆盖遥感监测基础解译数据；解译方法采用人机交互目视判读法。

1）农田生态系统面积。基于构建的土地利用类型数据集，提取农田地类，计算对应年份区域农田总面积。

2）林业产值/经济林面积。基于构建的土地利用类型数据集，提取林地地类，计算对应年份区域林地总面积。

3）天然林面积比例。基于构建的土地利用类型数据集，提取天然林地面积，计算对应年份区域天然林地面积与区域总面积的比值。

$$P_{ti} = \frac{S_{ti}}{\text{TS}} \tag{2-2}$$

式中：P_{ti}——土地利用数据集中天然林地面积在第 i 年占区域总面积的比值；

S_{ti}——土地利用数据集中天然林地在第 i 年的面积；

TS——研究区域总面积。

4）沼泽湿地面积比例。基于构建的土地利用类型数据集，提取沼泽湿地面积，计算对应年份区域沼泽湿地面积与区域总面积的比值。

$$P_{wi} = \frac{S_{wi}}{\text{TS}} \tag{2-3}$$

式中：P_{wi}——土地利用数据集中沼泽湿地面积在第 i 年占区域总面积的比值；

S_{ti}——土地利用数据集中沼泽湿地在第 i 年的面积；

TS——研究区域总面积。

5）植被覆盖度。基于构建的土地利用类型数据集，提取有植被分布地区面积，计算对应年份区域植被面积与区域总面积的比值。

$$P_{vi} = \frac{S_{vi}}{\text{TS}} \tag{2-4}$$

式中：P_{vi}——土地利用数据集中植被分布区域面积在第 i 年占区域总面积的比值；

S_{vi}——土地利用数据集中植被分布区域在第 i 年的面积；

TS——研究区域总面积。

6）自然度。基于构建的土地利用类型数据集，提取自然土地面积，计算对应年份区域自然土地面积与区域总面积的比值。

$$P_{ni} = \frac{S_{ni}}{\text{TS}} \tag{2-5}$$

式中：P_{ni}——土地利用数据集中未经人工开发的自然土地面积在第 i 年占区域总面积的比值；

S_{ni}——土地利用数据集中自然土地在第 i 年的面积；

TS——研究区域总面积。

7）重要生态空间连通度。以构建的土地利用类型数据集作为基础数据，提取不同生境类型的面积并统计斑块数量，计算自然生境破碎度，以此表征区域生态空间连通程度。

$$ISO = \frac{0.5\sqrt{\dfrac{n_i}{A}}}{\dfrac{A_i}{A}}$$ （2-6）

式中：ISO ——自然生境破碎度；

n_i ——土地利用类型 i 的数量；

A_i ——土地利用类型 i 的总面积；

A ——研究区域总面积。

（2）基于文献统计资料以及区划数据构建的指标，包括农业产值/粮食产量，畜牧业产值/肉蛋奶产量，渔业产值/水产类产量，物种丰富度，古树名木数量，红色名录物种数，自然保护区面积比例，NESCO 确认的自然、文化遗产以及 UN 重要湿地数量 8 项指标。数据主要来源于"中国统计年鉴数据"以及地区政府网站的公开数据。

1）农业产值/粮食产量。基于"中国统计年鉴数据"获取历年农业粮食产值产量。

2）畜牧业产值/肉蛋奶产量。基于"中国统计年鉴数据"获取历年畜牧业产值产量。

3）渔业产值/水产类产量。基于"中国统计年鉴数据"获取历年渔业产值产量。

4）物种丰富度。基于文献资料，获取区域物种分布种数，表征区域物种丰富度。除了通过文献统计数据获取物种丰富度指标，本研究同时基于实地调查的物种实际分布点位数据，通过最大熵模型（MaxEnt 模型）模拟得到研究区域的物种丰富度空间分布水平。MaxEnt 模型是以最大熵理论为基础的物种地理尺度空间分布模型。由于其主要应用于物种分布区的预测，也被归为物种分布模型。其原理为：一个物种的分布模型是由一组环境或气候层决定的，这些环境或气候层通过景观中的一组网格单元表示，在得到一组物种实际分布位置数据的前提下，模型将每个网格单元的适宜性表示为该网格单元的环境变量的函数，该函数在特定网格单元上的一个值表示预测网格单元适合该物种的生存条件的水平。模型计算得出的是所有网格单元内物种的概率分布。所选择的分布结果在某些约束条件下具有最大熵特性。MaxEnt 模型是目前表现最好，应用最广的生态位模型，已被广泛应用于物种丰富度的相关研究中。

5）古树名木数量。基于"中国统计年鉴数据"，以古树名木统计更新周期作为步长，获取区域古树数量，表征区域古树名木数量。

6）红色名录物种数。基于"中国统计年鉴数据"，以濒危物种统计更新周期作为步长，获取区域濒危物种种数，表征区域红色名录数量。

7）自然保护区面积比例。基于全国自然保护区矢量数据，分别计算保护区面积占研究区域总面积的比值。

8）NESCO 确认的自然、文化遗产以及 UN 重要湿地数量。基于文献搜集以及资料查询，统计区域自然文化遗产数量和重要湿地数量。

（3）基于遥感数据经过二次加工计算得到的三级指标，包括水分盈亏量、固碳量两项指标，以上两项指标都是以遥感数据作为基础计算数据，通过一系列计算方法构建得到相应的指标。

1）水分盈亏量。水源涵养功能主要表现在缓和地表径流、补充地下水、减缓河流流量的季节波动、滞洪补枯、保证水质等方面。水源涵养能力与降雨、地表径流、生态系统类型组成、地表植被、土层厚度及物理性质等因素相关。以水源涵养量作为水分盈亏量的评价标准，采用水量平衡方程来计算水源涵养量，计算公式如下：

$$TQ = \sum_{i=1}^{j} (P_i - R_i - ET_i) \times A_i \times 10^{-3} \qquad (2-7)$$

式中：TQ——总水源涵养量；

$\quad P_i$——多年平均降水量；

$\quad R_i$——多年平均地表径流量；

$\quad ET_i$——多年平均蒸散发；

$\quad A_i$——i 类生态系统面积；

$\quad i$——研究区第 i 类生态系统类型；

$\quad j$——研究区生态系统类型数。

其中，降水量因子 P_i 根据气象数据集处理得到。在 Excel 中计算出区域所有气象站点的多年平均降水量，将这些值根据相同的站点名与地理信息系统中的站点（点图层）数据相连接（Join）。在 Spatial Analyst 工具中选择 Interpolate to Raster 选项，选择相应的插值方法得到降水量因子栅格图。地表径流因子 R 为降水量乘以地表径流系数获得，计算公式如下：

$$R = P \times \partial \qquad (2-8)$$

式中：R——地表径流量；

$\quad P$——多年平均降水量；

$\quad \partial$——平均地表径流系数。

蒸散发因子 ET 根据国家生态系统观测研究网络科技资源服务系统网站提供的产品数据得到。原始数据空间分辨率为 1 km，通过地理信息系统软件重采样为 250 m 空间分辨率，得到蒸散发因子栅格图。

生态系统面积因子 A_i 根据全国生态状况遥感调查与评估成果中的生态系统类型数据集得到。原始数据为矢量数据，通过地理信息系统软件转为 250 m 空间分辨率的栅格图。将各因子统一成 250 m 分辨率的栅格数据，通过地理信息系统软件的栅格计算器（Spatial Analyst→Raster Calculator）工具，根据公式计算得到生态系统水源涵养量。

2）固碳量。采用植被净初级生产力（Net Primary Productivity，NPP）来表征区域固碳能力，NPP 的计算采用 CASA（Carnegie-Ames-Stanford-Approach）模型，CASA 模型计算 NPP 主要是由植被吸收的光合有效辐射（Absorbed Photosynthetically Active Radiation）与光能利用率（ε）两个变量来确定。CASA 模型是一种相对简单的光能利用率模型，该模型参数较少，其编码实现比较容易且大部分参数几乎都可以直接通过遥感方法获取，已广泛应用于区域 NPP 计算，计算公式如下：

$$NPP(x,t) = APAR(x,t) \times \varepsilon(x,t) \qquad (2\text{-}9)$$

式中：NPP——净初级生产力；

APAR（x,t）——像元 x 在 t 月植被吸收的光合有效辐射；

$\varepsilon(x,t)$——像元 x 在 t 月的实际光能利用率；

x——单个像元；

t——月份。

（4）遥感数据与文献统计数据结合构建的指标主要包括城市人均绿地面积、城市人均水面面积两项指标，以上两项指标是将遥感数据以及国家统计数据相结合计算得出的。

1）城市人均绿地面积。基于构建的土地利用类型数据集提取城区有植被分布区域的面积，由"中国统计年鉴数据"提供区域人口数据，用城市绿地面积除以区域人口数量，得到城区人均绿地面积指标。

$$A_{vi} = \frac{S_{vi}}{PS} \qquad (2\text{-}10)$$

式中：A_{vi}——第 i 年人均城市绿地面积；

S_{vi}——第 i 年研究区域城市绿地面积；

PS ——第 i 年研究区城市人口数量。

2）城市人均水面面积。基于构建的土地利用类型数据集提取城区水域分布区域的面积，由"中国统计年鉴数据"提供区域人口数据，用城区水面面积除以区域人口数量，得到城区人均水面面积指标。

$$A_{wi} = \frac{S_{wi}}{PS} \qquad (2\text{-}11)$$

式中：A_{wi}——第 i 年人均城市水面面积；

S_{wi}——第 i 年研究区域城市水面面积；

PS ——第 i 年研究区城市人口数量。

2.4   小结

生物多样性是生态系统服务功能的物质基础，生态系统服务功能支撑着人类福祉，研究这三者的关系，研究制定生物多样性贡献人类福祉评价的指标体系和评价方法，开展不同尺度的调查评估工作，对提高全社会保护生物多样性的积极性、促进各级政府加强生物多样性保护工作有重要的意义。根据近几十年来的研究以及社会发展状况，预测到 2050 年，随着全球人口增长、生活水平的提高（食物需求增长 54%），对能源（能源需求增长 56%）和资源需求的激增，人类的社会福祉与自然福祉之间的矛盾将进一步扩大。基于全球案例、模拟模型的研究发现，《巴黎协定》中的大气排放要求、保留自然生境（全球 50% 以上自然生境得以保留）、每个生态区 17% 的面积得以保护、停止过度捕捞、降低大气和水污染等目标都能够在现有技术水平上通过消费方式、转变生产方式来实现，但是生物多样性的丧失是普遍和不可逆转的，想要达到更高水平的人类福祉，保护生物多样性刻不容缓。为进一步提高生物多样性对人类福祉的贡献，提出以下建议。

（1）制定和完善生物多样性保护相关政策

制定可持续农业、林业、畜牧业和渔业战略来确保环境的长期可持续性，避免自然资本（如化石燃料、土壤、不可再生矿物、原生林、丛林和鱼类资源）被不可持续的发展实践消耗掉，从根本上为保护生物多样性提供可靠的保障。通过构建基于国家公园、自然保护区、风景名胜区、自然保护区小区、国家森林公园、公益林地、城镇公园、郊野公园以及古树名木、保护区小区等多层次的保护地体系，进一步提高保护的成效。建立经济社会发展与生物多样性保护的协调机制，严格执行发展规划和建设项目环境影响评价制度，从源头上最大限度地减少对自然生态环境的破坏和影响。

（2）加大生态保护恢复力度，提高生物多样性保护水平

国家应进一步加大生态环境退化地区和生态环境脆弱区域的生态环境保护和恢复力度，科学开展生态重建和恢复工作，加强对地方常见种群、特有生态物种和生态系统的保护力度。全面提高生物多样性水平，提高生物多样性对人类福祉的贡献支撑水平，促进经济社会可持续发展。

（3）进一步完善生物多样性对人类福祉贡献的定量评估方法

定量评估生物多样性对人类福祉贡献的研究。为适应不同尺度、不同区域的评估工作，评估指标体系和方法必须简洁、客观、准确，便于统计分析和比较。要求定量方法科学，数据来源可靠易获取，评估标准统一，此项工作十分复杂。本研究在调研生物多样性对人类福祉的贡献相关研究的基础上，总结了生物多样性贡献人类福祉的 4 种机理，建立了生物多样性贡献人类福祉评估的理论框架体系，初步提出评价的指标体系和评价

方法，并根据不同地域特点，对指标体系进行调整，使其落地具有可操作性。在青海三江源地区和浙江钱江源国家公园开展了试点评价研究（内容见本书第 3 章、第 4 章）。目前，该研究的理论依据和实践基础还很薄弱，需要进一步加强生物多样性、生态系统服务功能、人类福祉三者关系的研究，优化指标体系和评估方法，并在不同尺度上开展试点工作，总结出一套适合我国不同区域、不同尺度的评估方法体系，为我国各级政府制定生物多样性保护政策和经济社会发展规划、计划提供依据。

参考文献

爱知生物多样性目标，CBD2020 生物多样性目标：目标 13.

蔡生力，2015. 水产养殖学概论[M]. 北京：海洋出版社.

岑晓腾，2016. 土地利用景观格局与生态系统服务价值的关联分析及优化研究——以杭州湾南岸区域为例[D]. 杭州：浙江大学.

范敏，彭羽，王庆慧，等，2018. 景观格局与植物多样性的关系及其空间尺度效应——以浑善达克沙地为例[J]. 生态学报，38（7）：2450-2461.

傅伯杰，于丹丹，吕楠，2017. 中国生物多样性与生态系统服务评估指标体系[J]. 生态学报，37（2）：341-348.

国家林业局，2012. 国家森林城市评价指标（LY/T 2004—2012）[S].

国家住房和城乡建设部，2016. 国家生态园林城市标准[S].

胡明文，2016. 旅游者游憩行为对武功山森林公园山地草甸的影响及承载力研究[D]. 南昌：江西农业大学.

黄荣珍，朱丽琴，樊后保，等，2016. 不同人为干预强度下红壤侵蚀退化荒地生态系统碳库恢复的差异[J]. 水土保持学报，30（3）：220-226.

建设部，2000. 城市古树名木保护管理办法[R].

金志勇，2011. 丽水市创建森林城市的实践与探索[D]. 杭州：浙江农林大学.

蓝红星，胡原，2018. 民族地区绿色减贫绩效研究——以大小凉山彝区为例[J]. 中国农业资源与区划，39（12）：34-39.

李松梧，2007. 保持农作物品种多样性是确保粮食安全的重要途径[J]. 中国粮食经济，（11）：53.

《联合国防治荒漠化公约》中国执委会秘书处，2006. 中国履行《联合国防治荒漠化公约》国家报告[R].

联合国可持续发展委员会（UNCSD），1996. 联合国 CSD 可持续发展指标体系[R].

刘秀萍，2017. 北京城区居住区和机关单位城市森林结构调查与树冠覆盖动态分析[D]. 北京：中国林业科学研究院.

刘焱序，彭建，汪安，等，2015. 生态系统健康研究进展[J]. 生态学报，35（18）：5920-5930.

卢训令，刘俊玲，丁圣彦，2019. 农业景观异质性对生物多样性与生态系统服务的影响研究进展[J]. 生态学报，39（13）：4602-4614.

彭羽,范敏,卿凤婷,等,2016. 景观格局对植物多样性影响研究进展[J]. 生态环境学报,25(6)：1061-1068.

邵桦，薛达元，2017. 云南佤族传统文化对蔬菜种质多样性的影响[J]. 生物多样性，25（1）：46-52.

时培建，惠苍，门兴元，等，2014. 作物多样性对害虫及其天敌多样性的级联效应[J]. 中国科学，44（1）：75-84.

屠星月，黄甘霖，邬建国，2019. 城市绿地可达性和居民福祉关系研究综述[J]. 生态学报,39(2)：421-431.

王瀚宇，2017. 城市绿地生态系统服务量化与空间分布公平性分析——以哈尔滨市秋林地区为例[D]. 哈尔滨：哈尔滨工业大学.

王志强，崔爱花，缪建群，等，2017. 淡水湖泊生态系统退化驱动因子及修复技术研究进展[J]. 生态学报，37（18）：6253-6264.

文志，郑华，欧阳志云，2020. 生物多样性与生态系统服务关系研究进展[J]. 应用生态学报，31（1）：340-348.

徐海根，丁晖，欧阳志云，等，2016. 中国实施 2020 年全球生物多样性目标的进展[J]. 生态学报，36（13）：3847-3858.

徐海根，丁晖，吴军，等，2010，2010 年生物多样性目标：指标与进展[J]. 生态与农村环境学报，26（4）：289-293.

徐海根，丁晖，吴军，等，2012，2020 年全球生物多样性目标解读及其评估指标探讨[J]. 生态与农村环境学报，28（1）：1-9.

杨倩，2017. 湖北汉江流域土地利用时空演变与生态安全研究[D]. 武汉：武汉大学.

于丹丹，吕楠，傅伯杰，2017. 生物多样性与生态系统服务评估指标与方法[J]. 生态学报,37(2)：349-357.

张琦，石新颜，顾忠锐，2019. 中国绿色减贫成效评价指数构建及测度[J]. 南京农业大学学报（社会科学版），19（6）：20-31.

张永民，译，2006. 千年生态系统评估——生态系统与人类福祉评估框架[M]. 北京：中国环境科学出版社.

张沅，2011. 家畜育种学[M]. 北京：中国农业出版社.

Barataa A M，Rochaa F，Lopesa V，et al.，2016. Conservation and sustainable uses of medicinal and aromatic plants genetic resources on the worldwide for human welfare[J]. Industrial Crops and Products，88：8-11.

De Groot R S，Wilson M A，Boumansr M J，2002. A typology for the classification，description and valuation of ecosystem functions，goods and services[J]. Ecological Economics，41（3）：393-408.

Diener E，1995. A value based index for measuring national quality of life[J]. Social Indicators Research，36（2）：107-127.

FAO，2017. 建议将生物多样性纳入工作重点以确保粮食安全和营养[J]. 世界农业，（2）：203.

Gbetibouo G A，Ringler C，Hassan R，2010. Vulnerability of the South African farming sector to climate change and variability: An indicator approach[J]. Natural Resources Forum, 34（3）: 175-187.

Haines-Young R, Potschin M, 2007. The Ecosystem Concept and the Identification of Ecosystem Goods and Services in the English Policy Context[R]. Review Paper to Defra, Project Code NR0107. London: Defra.

Harrison P A, Berry P M, Simpson G, et al., 2014. Linkages between biodiversity attributes and ecosystem services: A systematic review[J]. Ecosystem Services, 9: 191-203.

Hausmann A, Slotow R, Burns J K, et al., 2016. The ecosystem service of sense of place: Benefits for human well-being and biodiversity conservation[J]. Environmental Conservation, 43（2）: 117-127.

Kilpatrick A M, Salkeld D J, Titcomb G, et al., 2017. Conservation of biodiversity as a strategy for improving human health and well-being[J]. Philosophical Transactions of the Royal Society of London, 372（1722）, 20160131.

Mace G M, Norris K, Fitter A H, 2012. Biodiversity and ecosystem services: A Multilayered Relationship[J]. Trends in Ecology & Evolution, 27（1）: 19-26.

Maestre F T, Castillo-Monroy A P, Bowker M A, et al., 2012. Species richness effects on ecosystem multifunctionality depend on evenness, composition and spatial pattern[J]. Journal of Ecology, 100: 317-330.

Naeem S, Chazdon R, Duffy J E, et al., 2016. Biodiversity and human well-being: An essential link for sustainable development[J]. Proceedings of the Royal Society B: Biological Sciences, 283（1844）: 2016-2091.

Pires A P F, Amaral A G, Padgurschi M C G, et al., 2018. Biodiversity research still falls short of creating links with ecosystem services and human well-being in a global hotspot[J]. Ecosystem services, 34: 68-73.

Prescott-Allen R, 2001. The wellbeing of nations: a country-by-country index of quality of life and the environment[M]. Island press.

UK National Ecosystem Assessment Follow-on, 2014.Work Package Report 5: Cultural ecosystem services and indicators[R].

United Nations Environmental Program, 1998. Human Development Report 1998[R]. New York, USA: Oxford University Press.

Xu S, Liu Y, 2019. Associations among ecosystem services from local perspectives[J]. Science of the Total Environment, 690: 790-798.

第3章　浙江开化及周边地区试点研究

第2章提出了生物多样性-生态系统服务-人类福祉理论框架，并按照可量化、可操作等原则对指标进行优化和调整，提出了多尺度的评估指标体系，对指标含义、权重设置等进行了解释和确定。本章将以钱江源国家公园体制试点区所在的开化县及其周边县域为研究区，通过搜集2000—2020年卫星遥感数据、区划数据、调查数据、统计年鉴等数据，利用该指标体系对生物多样性对人类福祉的贡献进行试点研究。

3.1　研究区概况

钱江源国家公园体制试点区位于浙江省开化县西部，是我国第一批国家公园体制试点之一。拥有大片原始森林（图3-1），是我国特有的世界珍稀濒危物种、国家一级重点保护野生动物白颈长尾雉（*Syrmaticus ellioti*）、黑麂（*Muntiacus crinifrons*）等的主要栖息地；有高等植物2 244种、鸟类264种、兽类44种、两栖类动物26种、爬行类动物38种、昆虫2 013种、鱼类42种，其中，国家一级重点保护野生植物1种，为南方红豆杉；国家二级重点保护野生植物15种；省级重点保护野生植物23种；国家一级重点保护野生动物3种，为黑麂、白颈长尾雉、中国穿山甲；国家二级重点保护野生动物55种。

图 3-1　钱江源国家公园体制试点区林况

　　研究区位于浙江、安徽和江西三省交界处，包括浙江省常山县、开化县、淳安县，安徽省休宁县、歙县，江西省德兴市、玉山县、婺源县，共计 8 个县（图 3-2）。该区域属于亚热带季风气候区，由于受海洋气流影响，年降水量一般为 1 800 mm 以上，属于湿润区。地貌以山地丘陵为主，植被生长茂盛，以常绿阔叶林为主，冬季温度多在 0℃ 以上，生物多样性资源丰富。

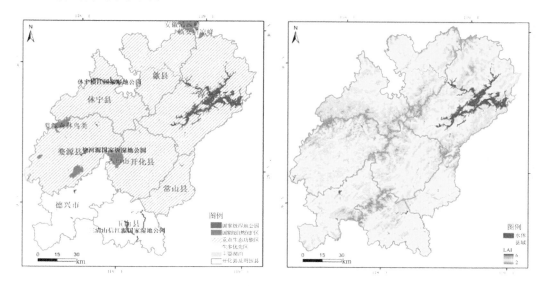

图 3-2　研究区概况图及地形地貌

　　该区域具有丰富的生物多样性，为人类福祉和生物多样性关系评估提供了良好的基础。

　　淳安县千岛湖是首批国家级风景名胜区，也是全国最大的森林公园。千岛湖被誉为"天下第一秀水"，水质在全国 61 个重点监测的湖泊（水库）中名列前茅。有维管束植物 1 824 种，其中属于国家重点保护的树种有 20 种；形态各异的鱼类资源有 13 科 94 种；野生动物资源有兽类动物 61 种、鸟类 90 种、爬行类 50 种、昆虫类 16 目 320 科 1 800 种、两栖类 2 目 4 科 12 种。

　　婺源县鸟类资源丰富，有观察记录的鸟类有 17 目 53 科 252 种，其中国家一级保护野生鸟种有中华秋沙鸭和白颈长尾雉；国家二级保护野生鸟种有 20 多种，如鸳鸯、白鹇、勺鸡、林雕、乌雕等；省级保护的有 50 多种，其中黄喉噪鹛华南亚种是婺源特有的珍稀近危鸟种。婺源境内鸳鸯越冬数量在 3 000 只以上，是我国越冬鸳鸯最多的区域；越冬的中华秋沙鸭已增至 60 只；更有受鸟类摄影爱好者青睐的白颈长尾雉、白鹇、白腿小隼栖息于大片天然次生常绿阔叶林生境。

　　休宁县自然资源丰富。植物种类 180 余科约 1 400 种，其中，树种 111 科 1 026 种。已发现的珍稀树种有银杏、南方红豆杉、香果柑、鹅掌楸、三尖杉等 40 余种。药用植物

165 科 677 种。野生动物种类繁多，有各种珍禽鸟类 215 种、兽类 73 种、爬行类 54 种、两栖类动物 26 种。

歙县木本植物共有 104 科 899 种。其中，属国家一级重点保护的珍稀古老孑遗树种有水杉 1 种；属国家二级保护的珍稀古老孑遗树种有银杏、华东黄杉、金钱松、杜仲、鹅掌楸、连香树、香果树 7 种。

3.2　指标选取及数据处理

本试点研究在之前章节中提出的生物多样性对人类福祉贡献评估指标体系的基础上，根据当地实际情况进行了适当调整（调整后指标体系及数据来源见表 3-1），利用 2000—2020 年遥感和统计等数据，从物质贡献、生态调节贡献和精神文化贡献 3 个方面进行评估。

表 3-1　钱江源地区生物多样性对人类福祉贡献指标体系及权重

一级指标	一级指标权重	二级指标	二级指标权重	三级指标	三级指标权重	指标选择	数据来源
1.物质贡献（提供人类生产生活所需要的物质产品）	0.20	1.1 农产品供给	0.36	主要经济作物	0.44	油料产量/t	《中国县域统计年鉴》《衢州统计年鉴》《上饶统计年鉴》《黄山市统计年鉴》
				农业产值/粮食产量	0.56	粮食产量/t	
		1.2 畜牧和渔业产品供给	0.30	畜牧业产值/肉蛋奶产量	0.50	肉类总产量/t	《中国县域统计年鉴》《衢州统计年鉴》《上饶统计年鉴》《黄山市统计年鉴》
				渔业产值/水产类产量	0.50	水产品产量/t	
		1.3 林产品供给	0.34	林业产值/经济林面积	1.00	林业产值/万元	《衢州统计年鉴》《上饶统计年鉴》《黄山市统计年鉴》
2.生态调节贡献（生态调节、维护生态安全）	0.60	2.1 物种与基因安全	0.22	物种丰富度	0.70	区域范围内各类物种的种数	调查数据
				古树名木数量	0.30	区域内古树名木的数量	网站、文献
		2.2 重要生态系统	0.23	天然林面积比例	0.30	区域内森林生态系统的面积比例/%	遥感监测
				湿地面积比例	0.20	区域内湿地生态系统的面积比例/%	遥感监测
				保护地面积	0.50	国家级自然保护区面积比例	区划数据

一级指标	一级指标权重	二级指标	二级指标权重	三级指标	三级指标权重	指标选择	数据来源
2.生态调节贡献（生态调节、维护生态安全）	0.60	2.3 生态调节功能	0.28	叶面积指数	0.35	LAI	遥感监测
				固碳量	0.35	区域内植被净初级生产力（NPP）	遥感监测
				水源涵养	0.30	水源涵养量	遥感监测
		2.4 区域生态系统质量	0.27	自然度	0.51	区域内自然用地（森、灌、草、湿）面积比例/%	遥感监测
				重要生态空间连通度	0.49	重要自然生态空间森林的连通程度	遥感监测
3.精神文化贡献	0.20	3.1 自然遗产	1.00	文化遗产	0.20	非物质文化遗产数量	资料收集
				游憩	0.80	国家级和省级风景名胜区、地质公园、森林公园、湿地公园、世界自然遗产、国际重要湿地等数量	文化和旅游部公布名录

3.2.1　数据来源

本研究使用数据主要包括卫星遥感数据、区划数据、调查数据、统计年鉴及网站资料等数据。卫星遥感数据主要包括土地利用、植被覆盖度、净初级生产力、蒸散发；区划数据主要包括行政区划、禁止开发区等数据。调查数据主要为生态环境部南京环境科学研究所提供的物种数据。统计年鉴主要为《衢州统计年鉴》《上饶统计年鉴》《黄山市统计年鉴》《中国县域统计年鉴》《中国农村统计年鉴》等。

个别数据缺失的年份，通过取其前后一年的数据均值填充；对于异常值，采用 SPSS 分析，分析—描述统计—描述性分析得出异常值，标准化处理后，得到数值为 -1～1，标准化处理后的绝对值如果大于 2，那么该数值就属于异常值。异常值取前后平均值。

3.2.2　评价指标

指标体系的各类指标量级和单位均不一致，无法直接进行对比分析和运算，需对其归一化为无量纲数据，以保障数据的可比性。本研究整体采用极差标准化法对 17 个评价指标进行归一化，把指标的绝对值转化为相对值，对于个别区域的极高值，通过设置归一化参数，使得到的归一化值介于 0～1，具体的归一化参数视指标具体情况而定：

$$Z_{ij} = \frac{X_{ij} - \min X_j}{\max X_j - \min X_j} \tag{3-1}$$

式中：Z_{ij}——标准化后的值；

　　　X_{ij}——第 i 个样本的第 j 项指标的数值；

$\min X_j$——第 j 项指标的最小值；

$\max X_j$——第 j 项指标的最大值。

基于归一化后的三级指标，计算人类福祉综合评估指数（CI），分别从物质贡献、生态调节贡献和精神文化贡献三个方面开展评价和分析。

$$CI = \sum \left\{ \sum \left[\sum (CI_{3i} \times W_{3i}) \times W_{2z} \right] \times W \right\} \tag{3-2}$$

式中：CI_{3i}——三级指标；

W_{3i}——各三级指标所对应的权重；

W_{2z}——各二级指标所对应的权重；

W——各一级指标所对应的权重。

（1）物质贡献

生态系统为我们提供生活所必需的产品，本研究选取该区域具有代表性的食物及生态产品指标，根据统计年鉴数据获取油料产量、粮食产量、肉类总产量、水产品产量和林业产值等指标，评价各区域的物质贡献。区域内物质贡献与土地利用结构、国土面积等有关，因此根据搜集到的物质贡献量或价值指标，将物质贡献平均到单位国土面积上进行对比，公式如下：

$$A_{ij} = \frac{SA_{ij}}{S_j} \tag{3-3}$$

式中：A_{ij}——第 j 区域的第 i 类农产品的单位国土面积产量；

SA_{ij}——第 j 区域的第 i 类农产品的产量总和；

S_j——j 区域面积。

归一化公式如下：

$$NX_{ij} = \frac{X_{ij}}{\max X_{ij}} \tag{3-4}$$

式中：NX_{ij}——标准化后的值；

X_{ij}——第 i 个样本的第 j 项指标的数值；

$\max X_{ij}$——第 i 个样本的第 j 项指标的最大值。

肉类总产量以 2016 年的均值填充 2018 年的数据，2015 年和 2016 年的均值填充 2020 年的数据。不过，此填充数据主要用于人类福祉总体评估，不能单独用于分析该指标的变化趋势。

（2）生态调节贡献

生物多样性与人类的生活和福利密切相关，它不仅给人类提供了丰富的食物、药物资源，而且在保持水土、调节气候、维持自然平衡等方面起着不可替代的作用（王雪梅，

2010）。生态系统可以调节环境使其更加宜居，使人类从中获取惠益，主要包括维护空气质量、调节气候、调节水资源、控制侵蚀、净化水质等（赵士洞等，2004）。本研究采用物种与基因安全、重要生态系统、生态调节功能、区域生态系统质量 4 个二级指标来阐述生态调节贡献。

1）物种与基因安全。生物多样性是维持生态系统稳定的基础。本研究选取物种丰富度、古树名木数量表征生态系统的生物多样性水平。

①物种丰富度。物种丰富度为调查数据，包括两栖动物、哺乳动物、鸟类、爬行动物、植物和鱼类丰富度等。由于不同类型物种的调查数据域值差异较大，因此本研究首先对各类数据进行归一化，再计算归一化数据平均值，对其最小值进行人工设定，具体参数如表 3-2 所示。

表 3-2   物种归一化参数

参数名称	两栖丰富度	哺乳丰富度	鸟类丰富度	爬行丰富度	植物丰富度	鱼类丰富度
min	5	5	16	10	600	40
max	22	60	214	40	1 469	101

②古树名木。古树名木包括一级、二级和三级古树。由于部分县域的分级数量无法获取，因此试点区域以古树名木总量计算。根据获取到的试点区古树名木数量实际情况，参数取值为：$\min X_j = 100$，$\max X_j = 3\ 400$。

2）重要生态系统。本研究选取的重要生态系统主要包括森林、湿地及重要自然保护区。森林、湿地等重要生态系统对局地的生态环境具有重要作用，如气温调节、降水改善、空气质量提升、水源涵养、土壤保持等功能。自然保护区属于区划概念，本研究通过保护区面积比例，评估区域对重要生态系统的保护力度，表征生物多样性的生态系统服务功能。

①森林面积比例。森林生态系统是森林生物与环境之间、森林生物之间相互作用，并产生能量转换和物质循环的统一体系。在陆地生态系统中具有调节气候、涵养水源、保持水土、防风固沙等功能，同时为物种提供栖息地，其空间分布和面积是生物多样性的重要特征。森林生态系统作为陆地上面积最大且最为重要的生态系统，一直以来都备受各界专家学者的关注，而最大限度地保护森林生态系统的生物多样性也正逐步成为森林可持续经营的主要目标（David et al.，2000；Diego et al.，2000；李金良等，2003）。Chen 等（2019）发现，近 30 年来全球的植被叶面积在增加，中国植被仅占全球植被面积的 6.6%，却为全球植被叶面积净增长贡献了 25%，且中国的植被叶面积增长的 42% 来自森林。因此本研究以森林生态系统面积比例表示。

$$B_i = \frac{BA_i}{S_i} \tag{3-5}$$

式中：BA_i——区域内森林生态系统面积；

S_i——区域面积。

②湿地面积比例。湿地不仅可以为我们提供淡水，同时也是水生生物的重要栖息地，具有调节气候、调节空气湿度等功能。湿地等生境面积与水质净化和水流量调节、生境结构和美学、物种丰富度和授粉之间呈正相关关系（Harrison et al.，2014）。利用遥感监测的稳定水体面积比例指标表征淡水的支持功能：

$$W_i = \frac{WA_i}{S_i} \tag{3-6}$$

式中：WA_i——区域内水面面积；

S_i——区域面积。

将数据归一化为水面指数：

$$WI_i = W_i \times 100 \tag{3-7}$$

式中：WI_i——第 i 年归一化水面指数。

淳安县千岛湖面积较大。与其他县域相比，该县淡水支持功能具有较高优势，因此计算过程中将淳安县水域面积单独进行归一化，既维护数据的可比性，又能保留其突出优势。

淳安县水面指数 WI 如下：

$$WI_{淳安县i} = \frac{W_{淳安县i}}{\max(W_{淳安县})} \tag{3-8}$$

式中：$W_{淳安县i}$——第 i 年淳安县区域内水面面积比例；

$\max(W_{淳安县})$——淳安县区域内水面面积比例最大值。

③保护地面积比例。国家级自然保护地主要包括古田山国家级自然保护区、江西婺源森林鸟类国家级自然保护区、清凉峰国家级自然保护区、千岛湖湿地公园、饶河源国家级湿地公园、三清山信江源国家湿地公园等，钱江源国家公园体制试点区主要分布在开化县境内，对维持地区的生物多样性发挥着重要作用。生物多样性保护优先区，在研究区的县域均有涉及，难以差别化，因此没有考虑。

3）生态调节功能。人类社会的幸福感依赖于生态系统提供的产品和服务，这些产品和服务则直接来自生态系统功能（Mooney et al.，2004）。生态系统调节功能是在生态系统受到外来干扰之后，能通过自身的调节维持其相对稳定的功能。生态系统的自我调节能力有限，一般来说，结构和功能比较复杂的生态系统抵抗外界干扰的能力较强。生态环境退化或者生态系统结构破坏等原因会对生物多样性造成压力（李文杰等，2010），生物多样性丧失会降低生态系统的功能和服务，如生产力下降、养分循环失衡、传粉能力下降等（Loreau et al.，2001；Balvanera et al.，2006；Wagg et al.，2014）。本研究利用叶面积指数、固碳量、水源涵养 3 项指标表征生态调节功能。叶面积指数、固碳量等数据易于开展长时间序列遥感监测，受卫星传感器、时相、分辨率、气候等多种因素影响，年际之间有一定的波动。

①叶面积指数。植被作为表征生态环境变化的指示器，在物质与能力循环中起着重要作用，是影响生态调节功能的主要因素（White et al.，1997；史晓亮等，2018）。植被作为一种重要的自然资源，具有显著的防风固沙、水源涵养等功能（韩永伟等，2011）。LAI 定义为单位地表面积内植被叶子总表面积的一半（Chen et al.，1992），是描述植被冠层几何结构的最基本的参数。通过遥感手段获得准确的叶面积指数值一直是遥感应用的重要指标（徐希孺等，2009）。

$$LAI_i = \frac{SLAI_i}{S_i} \qquad (3\text{-}9)$$

式中：$SLAI_i$——区域内叶面积指数总和；

$\quad\quad S_i$——区域面积。

②固碳量。NPP 定义为单位时间单位面积上植被所积累的有机物质的总量，是光合作用所吸收的碳和自养呼吸所释放的碳之间的差值（Lieth et al.，1975），是陆地生态系统碳汇的主要决定因子（Field et al.，1998）。因此，本试点区固碳量以植被净初级生产力（NPP）指标表征。

$$NPP_i = \frac{SNPP_i}{S_i} \qquad (3\text{-}10)$$

式中：$SNPP_i$——区域内 NPP 总和；

$\quad\quad S_i$——区域面积。

③水源涵养。水分作为区域植被生长、物种生存的关键因子，是流域水量平衡和区域水文循环的重要因素（林莎等，2020）。试点区水源涵养以水量平衡法方程法获取，计算生态系统通过拦截滞蓄降水，增强土壤下渗、蓄积，涵养土壤水分、调节地表径流和补充地下水所增加的水资源总量。公式如下：

$$TQ = \sum_{i=1}^{j}(P_i - R_i - ET_i) \times A_i \times 10^3 \qquad (3\text{-}11)$$

式中：TQ——水源涵养量，m^3；

$\quad\quad P_i$——降水量，mm；

R_i——地表径流量，mm；

ET_i——蒸散发，mm；

A_i——i 类生态系统面积，km^2；

i——研究区第 i 类生态系统类型；

j——研究区生态系统类型数。

4）区域生态系统质量。生态系统质量对区域生物多样性可持续发展及对人类福祉的可持续具有重要作用，本研究利用重要生态空间自然度、重要生态空间连通度表示。自然度指植被状况与原始顶极群落的距离或次生群落位于演替中的阶段，本研究利用遥感监测，以重要生态空间占该区域国土空间面积的比例来表示。Forman 和 Gordon（1986）认为各种景观指数与木本植物物种丰富度具有相关性，很多研究也支持中尺度物种丰富度与景观异质性相关（Gould et al.，1997）。本研究基于栅格数据计算景观连通度指数，作为评价生态系统质量的连通度指数。

①自然度。重要生态空间自然度数据本身介于 0～1，无须再进行归一化。

②连通度。重要生态空间连通度利用 InVest 模型，计算区域重要生态空间的连通度，并将连通度归一化至 0～1，minX_j=0，即

$$NC_{ij} = \frac{C_{ij}}{\max C_{ij}} \tag{3-12}$$

式中：NC_{ij}——标准化后的值；

C_{ij}——第 i 个样本的第 j 项指标的数值；

$\max X_{ij}$——第 i 个样本指标的最大值。

（3）文化精神贡献

1）文化遗产。文化服务是指生态系统提供的因人与生态系统的关系而产生的非物质利益（Chan et al.，2012）。非物质文化遗产可以传承文化、稳定和谐的社会关系、保护重要生态环境。因此，本研究选取省级及以上非物质文化遗产数量作为物化遗产对人类福祉的贡献。研究区非物质文化遗产名录如表 3-3 所示。

表 3-3　研究区非物质文化遗产名录

省	市	县域	国家级	省级	数据来源
浙江省	衢州市	常山县		武当太乙拳（宋氏门）	《国家级非物质文化遗产代表性项目名录》《浙江省非物质文化遗产项目名录》
浙江省	杭州市	淳安县	常山喝彩歌谣、竹马（淳安竹马）、淳安三角戏	淳安三角戏	《浙江省非物质文化遗产项目名录》

省	市	县域	国家级	省级	数据来源
江西省	上饶市	德兴市	龙舞(开化香火草龙)		
浙江省	衢州市	开化县		开化满山唱	《浙江省非物质文化遗产项目名录》
江西省	上饶市	婺源县	徽州三雕、傩舞(婺源傩舞)、徽剧、歙砚制作技艺、绿茶制作技艺(婺源绿茶制作技艺)	婺源傩舞、婺源徽剧、婺源三雕、歙砚制作技艺、婺源茶艺、婺源乡村文化、婺源豆腐架、婺源抬阁、婺源甲路纸伞制作技艺、婺源绿茶制作技艺、江西板龙灯、婺源徽墨制作技艺	《江西省非物质文化遗产代表性项目名录》
安徽省	黄山市	歙县	盆景技艺、徽墨制作技艺、歙砚制作技法、张一帖内科疗法、西园喉科医术、徽州民歌、黄山贡菊制作技艺、三阳打秋千	珠兰花茶制作技艺、新安王氏医学、吴山铺伤科、沛隆堂程氏内科、许村大刀灯、跳钟馗、皖南木榨油技艺(歙县木榨油)、野鸡坞外科、叶村叠罗汉、张一贴内科、西园喉科、徽墨制作技艺(古法油烟墨制作技艺)、新安医学、徽州篆刻、歙砚制作技艺、徽墨制作技艺	《安徽省非物质文化遗产名录》
安徽省	黄山市	休宁县	道教音乐、万安罗盘制作技艺	皖南木榨油技艺(休宁木榨油)、五城米酒酿制技艺、五城豆腐干制作技艺、齐云山道场音乐、绿茶制作技艺(松萝茶)	《安徽省非物质文化遗产名录》
江西省	上饶市	玉山县		玉山班演艺、樟村板灯民俗、玉山提线木偶戏、玉山罗纹砚制作技艺、玉山横街茅楂会、玉山紫湖花灯	《江西省非物质文化遗产代表性项目名录》

2)游憩。生物多样性是影响文化多元性的重要因素。我们从生态系统及物种多样性中得到消遣、精神满足、美学体验等非物质惠益,如旅游使人获得消遣和精神满足(屠星月等,2019),同时为当地人带来经济收入,提高生活质量。该研究区以县域为单元,其城镇空间占比相对较小。为了表明生态对人类主观感受带来的福祉,本研究区域利用提供游憩功能的保护区名录表征,主要包括国家级和省级自然保护区、国家级和省级风景名胜区、地质公园、森林公园、湿地公园、世界自然遗产、国际重要湿地等。其中,同一地名的不同类型保护区剔除,优先保留权重较高的保护区;同级保护区,按照表 3-4 从左往右优先保留第一个;省级保护区的权重需再乘以 0.5。各县(市)提供游憩功能的各类保护区名录见表 3-4。

表 3-4　各县(市)提供游憩功能的各类保护区名录

县域	风景名胜区	地质公园	森林公园	湿地公园	国家公园	世界自然遗产
常山县		常山国家地质公园	三衢国家森林公园			
淳安县	富春江—新安江(国家级)		千岛湖国家森林公园	常山港省级湿地公园		
德兴市	大茅山(国家级)		五府山国家森林公园	泊水河省级湿地公园		

县域	风景名胜区	地质公园	森林公园	湿地公园	国家公园	世界自然遗产
开化县					钱江源国家公园试点区	
婺源县			灵岩洞国家森林公园	饶河国家湿地公园		
歙县			徽州国家森林公园			
休宁县			齐云山国家森林公园	横江国家湿地公园		
玉山县			怀玉山国家森林公园			三清山

游憩值计算公式如下:

$$R = \sum W_i \times n \qquad\qquad (3\text{-}13)$$

式中: R——游憩值;

$\quad\quad W_i$——第 i 类型保护区的游憩权重;

$\quad\quad n$——第 i 类型保护区的数量。

W_i 权重值设置参数见表 3-5。

表 3-5   保护区类型权重值

类型	世界自然遗产	国家公园	国家级保护地	省级保护地
权重	0.3	0.3	0.1	0.05

3.3   生物多样性对人类福祉贡献的评估结果

从物质贡献来看（图 3-3），玉山县、常山县、德兴市物质供给水平较高；婺源县、淳安县、开化县物质贡献水平较低。近 20 年物质贡献整体呈逐渐增加趋势，其中玉山县增加趋势最快。玉山县物质供给水平整体较高，且增加趋势最快。常山县的粮食产量呈逐渐降低趋势，其他物质供给呈逐渐增加趋势。德兴市林业产值、粮食产量、水产品产量偏高，其他供给水平偏低。生态调节贡献呈先增加后降低趋势，主要包括物种与基因安全、重要生态系统、生态调节功能、生态系统质量 4 个方面。其中开化县、歙县、婺源县、休宁县贡献水平较高，玉山县、德兴市贡献水平较低（图 3-3）。精神文化贡献指数以玉山县、婺源县、歙县贡献水平较高，常山县、德兴市贡献水平较低（图 3-3）。玉山县在游憩指数表现突出，主要是由于该县的三清山属于世界自然遗产，权重相对较高。婺源县的非物质文化遗产和游憩贡献均相对比较高。歙县主要在非物质文化遗产方面表现突出。评估结果如下。

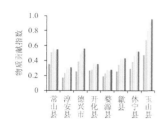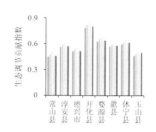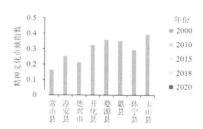

图 3-3　福祉贡献一级指标统计

3.3.1　物质贡献

从物质贡献来看（图 3-4 和图 3-5），农产品供给以玉山县最高，2000—2020 年呈逐渐增加趋势。玉山县约 10%为河谷平原，是重要的农业区。油料产量在 2000—2020 年呈逐渐增加趋势，以玉山县和歙县油料供给相对较高。粮食产量整体呈逐渐减少趋势，除玉山县和德兴市外，其他区域均呈逐渐降低趋势。

畜牧和渔业产品供给以玉山县、常山县供给水平较高，淳安县、婺源县供给水平较低。玉山县、歙县、德兴市在 2000—2020 年均呈逐渐增加趋势；其他县域呈逐渐减少趋势，主要是肉类总产量降低。玉山县的玉山黑猪被联合国粮农组织编入《世界家养动物多样性信息系统工程》；2006 年 6 月被农业部确定为国家级畜禽遗传资源保护品种，同年 10 月玉山黑猪原种场被农业部确定为第一批国家级畜禽遗传资源保场；2013 年 4 月 15 日，农业部正式批准对"玉山黑猪"实施农产品地理标志登记保护。

林业产值以德兴市、玉山县供给水平较高，2000—2020 年呈逐渐升高趋势；婺源县、歙县的经济林产值相对较低。德兴市、玉山县发展油茶林、毛竹林等经济林种植产业，其林业产值贡献水平较高。

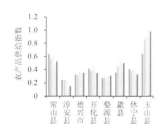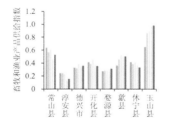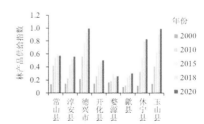

图 3-4　物质贡献二级指标统计

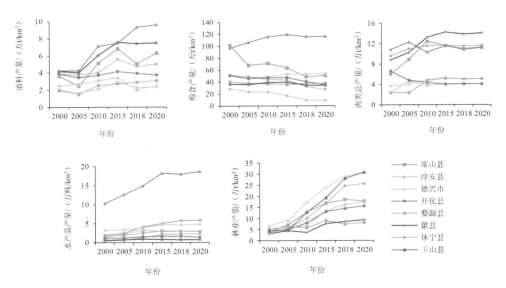

图 3-5 物质贡献三级指标统计

3.3.2 生态调节贡献

物种与基因安全指数以休宁县、开化县、歙县水平较高，德兴市、常山县、玉山县水平较低（图 3-6）。休宁县物种丰富度指数较高；开化县古树名木指数较高，物种丰富度处于中上水平；歙县物种丰富度指数较高（图 3-7）。

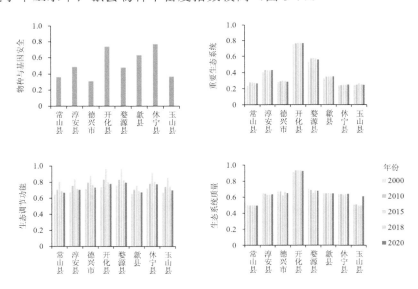

图 3-6 生态调节二级指标统计

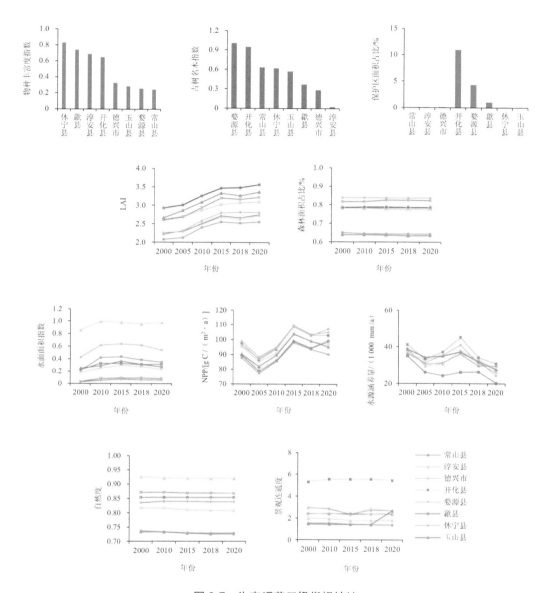

图 3-7　生态调节三级指标统计

物种丰富度以休宁县、歙县、淳安县、开化县贡献水平较高；休宁县和歙县物种中爬行动物、两栖动物、鱼类、哺乳动物和植物丰富度水平均处于较高水平；淳安县以鸟类、哺乳、两栖动物丰富度较高；开化县以鸟类、哺乳动物、两栖和植物丰富度较高。

古树名木以婺源县、开化县、常山县贡献水平较高（图 3-7）。

重要生态系统以开化县、婺源县供给水平较高（图 3-6），森林面积呈略微降低的趋势，湿地面积呈先增加后减少的趋势。各县森林面积比例均在 80%以上，其中以婺源县最高。湿地面积占比以淳安县最高，该县境内有千岛湖。保护区面积以开化县面积占比最高，该县境内包括国家公园体制试点区；其次为婺源县（图3-7）。

生态调节功能总体来看以婺源县、开化县、休宁县生态调节指数较高；歙县、常山县生态调节指数较低（图3-6），2000—2020年整体呈先增加后降低的趋势，2015年生态参数均处于较高水平。叶面积指数以婺源县、休宁县、开化县较高，2000—2020年整体呈连续增加趋势。净初级生产力水平以婺源县、休宁县、开化县最高，2000—2020年整体呈波动增加趋势。水源涵养功能以开化县、婺源县、玉山县较高，2000—2020年整体呈波动降低趋势（图3-7）。

生态系统质量以开化县最高，其次为婺源县、德兴市、歙县、休宁县、淳安县；常山县和玉山县生态系统质量相对较低（图3-6）。2000—2020年研究区生态系统质量呈相对稳定状态。自然连通度以淳安县最高，其次为开化县和婺源县最高。森林景观连通度以开化县最高，其次为德兴市和婺源县（图3-7）。

3.3.3 精神文化贡献

文化遗产是我国文化多样性的重要组成部分，传承文化对稳定和谐的社会关系具有重要作用，同时文化遗产的传承与生态环境保护往往具有密切联系。根据统计非物质文化遗产数据可以看出，歙县、婺源县的非物质文化遗产占据优势。

游憩指数研究结果表明，玉山县和开化县游憩指数较高。位于江西省上饶市玉山县与德兴市交界处的三清山，2005年被国土资源部批准为国家地质公园，2008年成为中国第七个、江西第一个世界自然遗产。位于开化县的钱江源国家公园为我国体制试点区，为我国生物多样性保护提供重要栖息地（图3-8）。

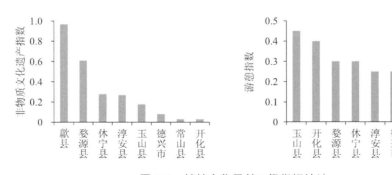

图3-8　精神文化贡献三级指标统计

3.3.4　人类福祉总体评价

人类福祉总体评价结果见图 3-9。整体上空间异质性较强，其中以开化县、玉山县人类福祉指数最高，其次为歙县、休宁县、婺源县，而常山县、德兴市、淳安县的人类福祉指数较低。从时间变化来看，2000—2020 年人类福祉呈整体先增加后降低的趋势，其中以玉山县增长速度最快，其次为休宁县和德兴市。从一级指标来看，物质贡献整体呈逐渐增加趋势，其中粮食产量呈降低趋势；生态调节贡献主要受湿地面积影响较大，呈先增后降的趋势。

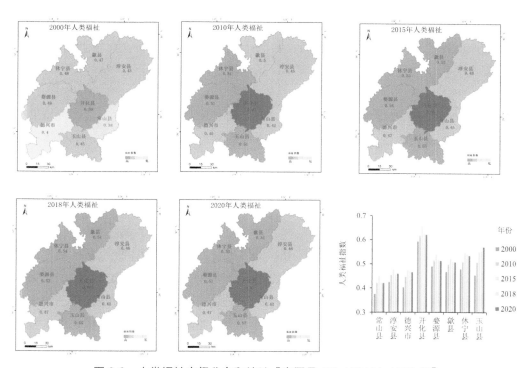

图 3-9　人类福祉空间分布和统计［审图号 GS（2019）1822 号］

3.4　小结

3.4.1　结论

本研究通过选取生物多样性对人类福祉贡献评估指标体系在钱江源地区开展试点评估，主要研究结论如下。

（1）该区域人类福祉指数空间异质性较强，主要是由自然资源差异造成的。人类福祉指数整体以开化县、玉山县水平最高，其次为歙县、休宁县、婺源县，再次为常山县、德兴市、淳安县。其中，开化县主要体现在生态调节贡献，玉山县主要体现在物质贡献和精神文化贡献。

（2）物质、生态调节、精神文化 3 个方面的贡献时空分布差异较大。物质贡献整体呈逐渐增加趋势，其中玉山县是物质供给水平最高且增长速度最快的县域，此外，常山县、德兴市物质供给水平也比较高。生态调节贡献整体呈先增加后降低趋势，其中以开化县、婺源县、休宁县贡献水平较高，这 3 个地区有较好的自然优势，森林生态系统面积较大。精神文化贡献指数受人文主观影响因素较大，其中玉山县在游憩指数方面表现突出，主要是由于该县的三清山属于世界自然遗产，权重相对较高。婺源县既注重非物质文化遗产的保护，又兼顾游憩功能的发展，所以该地区整体精神文化贡献相对比较高；歙县主要在非物质文化遗产方面表现突出，虽然游憩功能略有逊色，精神文化贡献仍保持较高的水平。

（3）2000—2020 年人类福祉呈整体先增加后降低的趋势。其中玉山县一直呈增长趋势，且增长速度最快，主要体现在物种供给水平的增长；其次为休宁县，主要体现在林产品供给水平增加。由此可见，物种供给的增长是该评价指标体系中对人类福祉增长贡献效果最显著的指标。

3.4.2 讨论

尽管世界各地区在保护生物多样性方面做出了多方面的努力，但很多区域性的多样性监测指标显示，全球生物多样性仍然呈现出下降的趋势（Stuart et al.，2010）。第六次全球环境展望表明全球仍在发生严重的物种灭绝现象。在生物多样性丧失加速的大背景下，如何通过生物多样性来定量预测生态系统多功能性，从而定量预测生物多样性丧失对生态系统多个功能造成的影响，是当前亟须解决的问题（徐希孺等，2009）。

近年来 GIS 和 RS 技术的高速发展，促使生物多样性的研究不断变革和进步。相关专家指出（Woody et al.，2003；Jeremy et al.，2003），遥感技术的发展使得生态学家可以直接利用高分辨率的影像数据来研究生物多样性的某些特定方面，研究方法更加灵活，即使在某些领域遥感还不能达到研究要求，但是其所提供的辅助信息也是非常有价值和有帮助的，为生态学家和保护生物学家提供了全新的研究途径。

理想的生物多样性评估指标是对所有的生态系统和所有的物种都进行评估，全面了解生物多样性现状，然而，实际操作的科学性和成本、效率存在困难（徐学红等，2006）。因此，本研究将某些代表性或重要性的生态系统或物种作为生物多样性的指标。同时考虑钱江源地区的实际生态环境和生态特征，部分指标不适宜该地区使用，结合钱江源地区的本地特征，对部分指标适当调整，以更科学地评估人类福祉指数。综合来看，该指标充分利用遥感技术与统计、调查等数据，在国家、省、市、县等多区域尺度开展生物多样性定量评估，为决策者评估生物多样性水平提供研究方法，促进地区进一步加强生物多样性保护。

参考文献

韩永伟，拓学森，高古喜，等，2011. 黑河下游重要生态功能区植被防风固沙功能及其价值初步评估[J]. 自然资源学报，26（1）：58-65.

李金良，郑小贤，王昕，2003. 东北过伐林区林业局级森林生物多样性指标体系研究[J]. 北京林业大学学报，25（1）：49-52.

李文杰，张时煌，2010. GIS 和遥感技术在生态安全评价与生物多样性保护中的应用[J]. 生态学报，30（23）：6674-6681.

林莎，贺康宁，王莉，等，2020. 基于地统计学的黄土高寒区典型林地土壤水分盈亏状况研究[J]. 生态学报，40（2）：728-737.

史晓亮，王馨爽，2018. 黄土高原草地覆盖度时空变化及其对气候变化的响应[J]. 水土保持研究，25（4）：189-194.

屠星月，黄甘霖，邬建国，2019. 城市绿地可达性和居民福祉关系研究综述[J]. 生态学报，39（2）：421-431.

王雪梅，曲建升，李延梅，等，2010. 生物多样性国际研究态势分析[J]. 生态学报，30（4）：1066-1073.

徐希孺，范闻捷，陶欣，2009. 遥感反演连续植被叶面积指数的空间尺度效应[J]. 中国科学（D 辑：地球科学），39（1）：79-87.

徐学红，王顺忠，马克平，2006. 生物多样性评估指标体系.//中国生物多样性保护与研究进展Ⅶ——第七届全国生物多样性保护与持续利用研讨会论文集[M]. 北京：气象出版社.

赵士洞，张永民，2004. 生态系统评估的概念、内涵及挑战——介绍《生态系统与人类福利：评估框架》[J]. 地球科学进展，（4）：650-657.

Balvanera P，Pfisterer A B，Buchmann N，et al.，2006. Quantifying the evidence for biodiversity effects on ecosystem functioning and services[J]. Ecology Letters，9：1146-1156.

Chan K M A，Goldstein J，Satterfield T，et al.，2012. Natural Capital：Theory & Practice of Mapping Ecosystem Services[M]. Oxford University Press，Oxford.

Chen C，Park T，Wang X，et al.，2019. China and India lead in greening of the world through land-use management[J]. Nature Sustainability，2：122-129.

Chen J M，Black T A，1992. Defining leaf area index for non-flat leaves[J]. Plant, Cell & Environ，15（4）：421-429.

Christopher B F，Michael J B，James T R，et al.，1998. Primary production of the biosphere：Integrating terrestrial and oceanic components[J]. Science，（281）：237-240.

David B，Chris R M，Daniel B B，2000. Indicators of biodiversity for ecologically sustainable forest management[J]. Conservation Biology，14（4）：941-950.

Diego Van D M，Kris V，2000. Developmenta of stand-scale forest biodiversity index based on state forest inventory[M]. Belgium：Institute for Forestry and Game Management，340-350.

Forman R，Gordon M，1986. Landscape Ecology[M]. New York，USA：John Wiley and Sons.

Gould W A，Walker M D，1997. Landscape-scale patterns in plant species richness along an arctic river[J]. Canadian Journal of Botany，75：1748-1765.

Harrison P A，Berry P M，Simpson G，et al.，2014. Linkages between biodiversity attributes and ecosystem services：A systematic review[J]. Ecosystem Services，9：191-203.

Jeremy T K，Marsha O，2003. From space to species：Ecological applications for remote sensing[J]. Frontiers in Ecology and the Environment，18（6）：299-305.

Lieth H，Whittaker R H，1975. Primary Productivity of the Biosphere[M]. New York：Springer-Verlad Press.

Loreau M，Naeem S，Inchausti P，et al.，2001. Biodiversity and ecosystem functioning：Current knowledge and future challenges[J]. Science，294（5543）：804-808.

Mooney H A，Cropper A，Reid W，2004. The Millennium Ecosystem Assessment：What is it all about？[J] Trends in Ecology and Evolution，19（4）：221-224.

Stuart H M，Walpole M，Collen B，et al.，2010. Global biodiversity：Indicators of recent declines[J]. Science，328（5982）：1164-1168.

Wagg C，Bender S F，Widmer F，et al.，2014. Soil biodiversity and soil community composition determine ecosystem multifunctionality[J]. Proceedings of the National Academy of Sciences，USA，111：5266-5270.

White M A，Thomton P E，Running S W，1997. A continental phenology model for monitoring vegetation responses to interannual climatic variability[J]. Global Biogeochemical Cycles，11（2）：217-234.

Woody T，Sacha S，Ned G，et al.，2003. Remote sensing for biodiversity science and conservation[J]. TRENDS in Ecology and Evolution，18（6）：306-314.

第4章　青海三江源地区试点研究

三江源地区地处青藏高原腹地，是长江、黄河、澜沧江的发源地，是我国淡水资源的重要补给地，是高原生物多样性最集中的地区，也是亚洲、北半球乃至全球气候变化的敏感区和重要启动区。特殊的地理位置、丰富的自然资源、重要的生态功能使其成为我国重要的生态安全屏障，在全国生态文明建设中具有特殊重要地位，关系到国家生态安全和中华民族的长远发展。本章基于生物多样性对人类福祉贡献评估的框架体系，从三江源地区的实际特点出发，构建三江源地区生物多样性对人类福祉贡献的指标体系，评估 2000—2020 年每 5 年三江源地区人类福祉的变化。

4.1　研究区概况

三江源地区在全国生态文明建设中具有重要地位，其生态系统完整性和原始性的保护关系到国家生态安全和中华民族的长远发展。1997 年，可可西里国家级自然保护区成立；2000 年 8 月 19 日，三江源国家级自然保护区成立。2005 年，国务院常务会议批准了《青海三江源自然保护区生态保护和建设总体规划》，青海三江源地区的生态保护和建设进入新阶段。2011 年 11 月，我国生态环境保护领域的第一个保护综合试验区在三江源地区正式建立。2015 年 12 月，《中国三江源国家公园体制试点方案》正式确定在三江源地区开展国家公园体制试点，提出"一区三园"的构架，并提出要将其建成"青藏高原生态保护修复示范区，三江源共建共享、人与自然和谐共生的先行区及青藏高原大自然保护展示和生态文化传承区"，要求"既实现生态系统和文化自然遗产的完整有效保护，又为公众提供精神、科研、教育、游憩等公共服务功能"。生物多样性对人类福祉贡献评价时间尺度为每 5 年一次，评价范围为三江源地区主要 17 个县域范围。

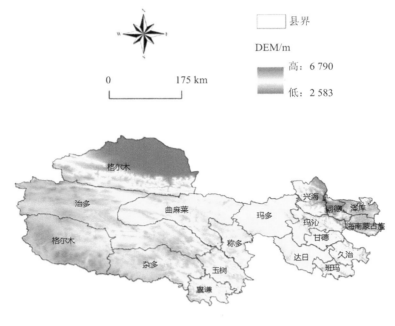

图 4-1　试点区概况

4.2　指标选取及数据处理

4.2.1　指标体系构建

　　国内外学者们对生态系统服务的内涵、定量方法的研究不断深化和完善，为生物多样性对人类福祉贡献评估的指标体系研究奠定理论基础。但由于人类福祉概念抽象且内涵广泛（Rendón et al.，2019），当前生物多样性对人类福祉的研究多针对某个具体区域，指标选取缺乏统一标准。同时，缺乏基于 NCP 视角下生物多样性对人类福祉贡献的指标体系和实证研究（刘玉平等，2021a）。

　　参考 IPBES 提出的 NCP 框架（Díaz et al.，2015；Pascual et al.，2017），从物质贡献、生态调节贡献和精神文化贡献 3 个方面构建生物多样性对人类福祉贡献的评估指标体系。其中，二级指标和三级指标的选择借鉴国际主流指标体系（Diener，1995；Prescott-Allen，2001）与中国本土指标（傅伯杰等，2017；刘玉平等，2021a），这些指标与当地生物多样性水平直接相关，具有较强的普适性和可操作性。同时，在指标构建的过程中，课题组多次赴三江源地区进行专家咨询和实地调研（图 4-2），与当地专家和管理人员进行研讨和交流，确定能客观反映区域特色的指标，并通过专家打分法确定了各级指标权重。

最终构建了三江源地区生物多样性对人类福祉贡献评估指标体系（表4-1）。

图 4-2　三江源国家公园调研及野外观测工作

表 4-1　三江源地区生物多样性对人类福祉贡献评估指标体系

一级指标/权重	二级指标/权重	三级指标/权重	计算方法
物质贡献/ 0.20	农产品供给/ 0.40	农田生态系统面积/0.44	耕地面积比例/%
		农产品产值/粮食产量/0.56	年内农业产值（万元）/产量（t）
	畜牧产品供给/ 0.60	畜牧业产值/肉产量/1.00	年内畜牧产值（万元）/产量（t）
生态调节贡献/ 0.60	物种与基因安 全/0.22	物种丰富度/0.48	物种种类数/种
		红色名录物种数/0.52	红色名录物种数量/种
	重要生态系统 状况/0.23	天然草地面积比例/0.30	草地面积比例/%
		沼泽湿地面积比例/0.29	湿地面积比例/%
		自然保护区面积比例/0.41	国家级自然保护区面积比例/%
	生态调节功能/ 0.28	植被覆盖度/0.35	植被面积比例/%
		固碳/0.35	植被净初级生产力/（gc/m²）
		水源涵养/0.30	降水量-蒸散发量/mm

一级指标/权重	二级指标/权重	三级指标/权重	计算方法
生态调节贡献/ 0.60	生态系统质量/ 0.27	自然度/0.51	自然用地面积比例/%
		重要生态空间连通度/0.49	重要自然生态空间（林地、草地等）间的连通程度
精神文化贡献/ 0.20	自然遗产/ 0.40	UNESCO 确认的自然、文化遗产以及 UN 重要湿地数量/1.00	UNESCO 确认的自然、文化遗产以及 UN 重要湿地数量/个
	城市蓝绿空间/ 0.60	城市人均绿地面积/0.50	居民点缓冲区内绿地面积/非农人口（%）
		城市人均水面面积/0.50	居民点缓冲区内水面面积/非农人口（%）

4.2.2　指标计算

（1）人类福祉综合指数

生物多样性福祉贡献综合指数由物质贡献指数、生态调节贡献指数和精神文化贡献指数 3 个指数构成，通过加权获得人类福祉综合指数（刘玉平等，2021a）。公式如下：

$$\mathrm{HWI}_i = w_1 \times \mathrm{MI}_i + w_2 \times \mathrm{ERI}_i + w_3 \times \mathrm{SCI}_i \tag{4-1}$$

式中：HWI_i——第 i 县的生物多样性福祉贡献综合指数；

MI_i、ERI_i、SCI_i——第 i 县的物质贡献指数、生态调节贡献指数和精神文化贡献指数；

w_1、w_2、w_3——权重。

（2）物质贡献计算

生物多样性是人类福祉的基础，是所有生产生活的物质来源，具有多重重要的食物、医药、卫生、健康、化学功能；物种多样性能保证人体健康所需营养物质；维持生态系统稳定，提升抵御自然灾害的能力。结合三江源地区的特点，物质贡献指数由农产品供给、畜牧产品供给构成。其中，维持适宜的农田生态系统面积，能提供农产品等直接价值以及调节、文化服务等间接价值（马笑丹等，2020）；保障粮食供给、发展畜牧业能保障人体营养健康，提高经济收入和主观福祉（Gbetibouo et al.，2010）。公式如下：

$$\mathrm{MI}_i = w_1 \times \mathrm{APS}_i + w_2 \times \mathrm{LS}_i \tag{4-2}$$

式中：MI_i——第 i 县的物质贡献指数；

APS_i、LS_i——第 i 县的农产品供给、畜牧产品供给；

w_1、w_2——权重。

其中，农产品供给由农田生态系统面积比例和农产品单位产值进行表征；畜牧产品供给通过畜牧业单位产值进行表征。

（3）生态调节贡献计算

生物多样性是许多重要生态系统服务的基础，具有多重生态系统功能和高水平生态系统服务的群落往往拥有更多的物种，而多样化的生物群落对生态系统稳定性、生产力以及养分供应具有促进作用。结合三江源地区的特点，生态调节贡献指数由物种与基因安全、重要生态系统状况、生态调节功能以及生态系统质量 4 个二级指标构成。公式如下：

$$ERI_i = w_1 \times SS_i + w_2 \times IE_i + w_3 \times ER_i + w_4 \times EQ_i \qquad (4\text{-}3)$$

式中：ERI_i——第 i 县的生态调节贡献指数；

SS_i、IE_i、ER_i、EQ_i——第 i 县的物种与基因安全、重要生态系统状况、生态调节功能以及生态系统质量；

w_1、w_2、w_3、w_4——权重。

物种与基因安全是生物多样性的根本，可以促进生产力，维持生态系统稳定性（Venail et al.，2015），同时增强与本土物种相关的本土文化的幸福感和满足感（文志等，2020）。本研究通过物种丰富度和红色名录物种数目来测算（图 4-3）。地区重要生态系统是生物多样性最为丰富的地区，因此重要生态系统分布和保护对于物种多样性具有重要价值（黄颖利等，2020）。重要生态系统状况通过天然草地面积占比、自然湿地面积占比和自然保护区面积占比来评估。生态调节功能从植被覆盖、固碳和水源涵养 3 个方面来反映生态调节功能。其中，植被覆盖因子基于土地利用数据进行县域统计；固碳量采用净初级生产力间接反映（Wang et al.，2017）；水分盈亏则采用水源涵养来反映，采用水量平衡方程来计算（Wei et al.，2018），计算公式为

$$TQ = \sum_{i=1}^{j} (P_i - R_i - ET_i) \times A_i \times 10^3 \qquad (4\text{-}4)$$

式中：TQ——水源涵养量，m^3；

P_i——降水量，mm；

R_i——地表径流量，mm；

ET_i——蒸散发，mm；

A_i——i 类生态系统面积，km^2；

i——研究区第 i 类生态系统类型；

j——研究区生态系统类型数。

藏野驴

藏原羚

岩羊

野牦牛

狼

藏羚羊

图 4-3　三江源地区红色名录物种

　　提高区域生态系统质量，有利于生态稳定，进一步发挥各项生态系统服务功能，提升人类福祉（Shahid et al.，2016）。生态系统质量由反映生态系统原真性的自然度和反映生态系统完整性的连通度构成。其中，自然度用县域自然生态系统（是指未经人工开发的自然土地）面积占比表示。生态系统连通度是指生态系统对生态流的便利或阻碍程度，是衡量景观生态过程的重要指标（陈昕等，2017）。维持良好的连通性是保护生物多样性和维持生态系统稳定性与整体性的关键因素之一，可能连通性指数（Probability of Connectivity，PC）既可反映景观连通性，又可计算景观各斑块对景观连通性的重要值，目前广泛应用于景观规划（Taylor et al.，1993）。该指数通过两生境节点之间直接扩散的可能性来定义连通性，以此作为研究物种的直接迁移强度、频率或灵活性的评价依据。PC 的计算公式为

$$PC = \frac{\sum_{i=1}^{n} \sum_{j=1}^{n} a_i \times a_j \times p_{ij}}{A_L^2}$$ （4-5）

式中：n ——景观中生境节点总数量；

a_i、a_j ——斑块 i 和斑块 j 的面积；

p_{ij} ——斑块 i 和斑块 j 之间所有路径最终连通性的最大值；

A_L ——研究区总面积。

本研究通过 ArcGIS10.2 软件、插件模块 Conefor Inputs for ArcGIS 9.x 和 Conefor Sensinode2.5.8，以陆域生态用地作为生境斑块，对林地斑块、耕地斑块、园地斑块与草地斑块分别进行连通性分析。

（4）精神文化贡献计算

精神文化贡献主要指来自生态系统的非物质贡献，如娱乐、旅游、文化艺术与精神体验等。精神文化贡献主要从自然遗产、城市蓝绿空间两个方面进行评价。其中，自然遗产具有存在价值、历史价值等，可发挥特有的文化功能，促进文化保护、身心健康，提供游憩功能，提升居民主观福祉（Hausmann et al.，2015）。城市蓝绿空间具有空气净化、降噪降温效应以及美学服务等多种功能，通过提高环境质量满足居民的精神需求（刘玉平等，2021b）。公式如下：

$$SCI_i = w_1 \times NH_i + w_2 \times UBG_i$$ （4-6）

式中：SCI_i ——第 i 县的精神文化贡献指数；

NH_i、UBG_i ——第 i 县的自然遗产数目、城市蓝绿空间可达性；

w_1、w_2 ——权重。

其中，自然遗产指标通过 UNESCO 确认的自然、文化遗产以及 UN 重要湿地数量来表示（图 4-4）。城市蓝绿空间反映城镇居民对绿地和湿地的可达程度，考虑到三江源地区城镇规模，利用建成区周边 2 km 范围绿地面积和湿地面积占建成区 2 km 缓冲区内面积比例来计算。

图 4-4 世界遗产——可可西里

（5）重心转移计算

标准差椭圆（Standard Deviation Ellipse，SDE）在空间统计领域应用广泛，是定量分析地理要素空间分布整体特征的常用方法（Liu et al.，2020）。将福祉重心点作为空间变量，利用标准差椭圆工具可以解析福祉及其各个维度空间分布变化的全局特征。重心点公式如下：

$$X = \frac{\sum_{i=1}^{n} w_i x_i}{\sum_{i=1}^{n} w_i}; \quad Y = \frac{\sum_{i=1}^{n} w_i y_i}{\sum_{i=1}^{n} w_i} \tag{4-7}$$

式中：X、Y——加权平均重心点；

x_i、y_i——县域矢量中心坐标；

w_i——权重。

本研究利用 ArcGIS10.2 软件的方向分布模块计算重心位置，用于分析福祉及其各个维度空间分布的整体变化情况。

4.3 生物多样性对人类福祉贡献的评估结果

4.3.1 物质贡献

从整个三江源地区物质贡献指数分布来看（图 4-5），2020 年三江源地区物质供给能力较强的县域集中在东部县域，如兴海县、同德县、泽库县、河南蒙古族自治县、玉树市和囊谦县，物质贡献指数在 0.46 以上；较低的为玛多县、达日县、甘德县，物质贡献指数低于 0.5。从图 4-6 可以看出，各县物质贡献分布基本与畜牧产品产量基本一致。

2000 年三江源地区物质贡献指数为 0.49，2020 年物质贡献指数为 0.59，整体来看，整个三江源地区物质贡献在提高。从各个县域来看（图 4-7），物质贡献提高较为明显的县域为兴海县、同德县、河南蒙古族自治县，这 3 个县的物质贡献指数相比 2000 年，2020 年增加 0.2 以上；物质贡献指数下降的县域有班玛县、达日县、甘德县、玛多县，下降幅度在 10% 以上，物质贡献指数变化主要受农业产量变化影响（图 4-8）。

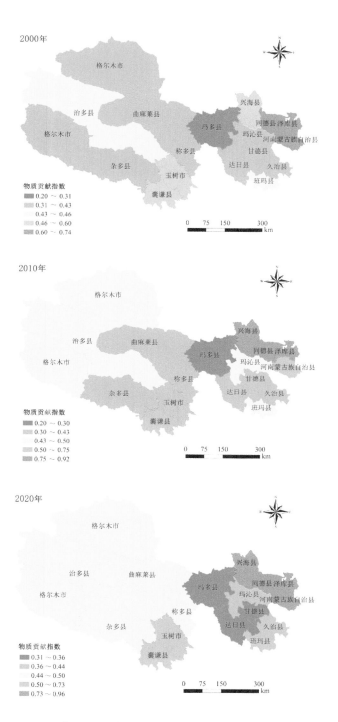

图 4-5　2000 年、2010 年、2020 年三江源地区各县域物质贡献指数

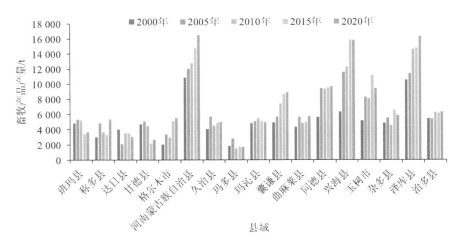

图 4-6 2000 年、2005 年、2010 年、2015 年、2020 年三江源地区各县域畜牧产品产量

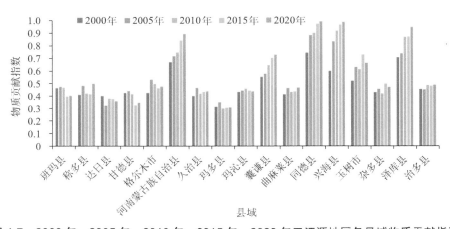

图 4-7 2000 年、2005 年、2010 年、2015 年、2020 年三江源地区各县域物质贡献指数

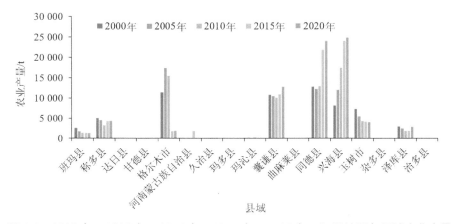

图 4-8 2000 年、2005 年、2010 年、2015 年、2020 年三江源地区各县域农业产量

4.3.2　生态调节贡献

从整个三江源生态调节贡献指数分布来看（图 4-9），三江源地区生态调节能力较强的县域集中在东南部的班玛县、玉树市，生态调节贡献指数在 0.85 以上；较低的为格尔木市、曲麻莱县、兴海县、同德县，生态调节贡献指数低于 0.75（图 4-10）。从生态调节二级指标来看，物种与基因安全指数在 2000—2020 年变化相对平缓，物种与基因安全指数较高的县为玉树市、班玛县、囊谦县，物种基因与安全指数均在 0.6 以上；较低为甘德县、达日县、兴海县，指数低于 0.4（图 4-11）。从重要生态系统状况指数来看，较高的为玛多县、杂多县、治多县，重要生态系统状况指数均在 0.6 以上；较低的县有甘德县、同德县，指数低于 0.4（图 4-12）。从生态调节贡献指数来看，其作为主要的二级指标，县域分布和生态调节贡献指数分布基本一致。

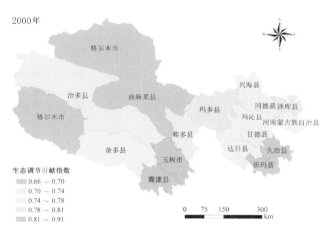

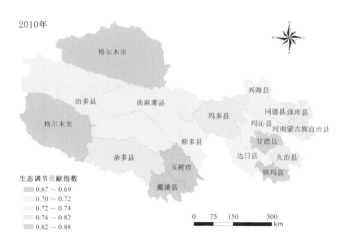

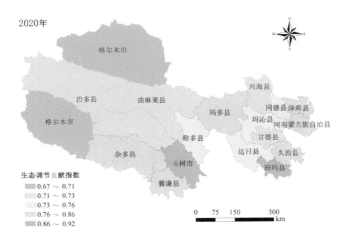

图 4-9　2000 年、2010 年、2020 年三江源地区各县域生态调节贡献指数分布

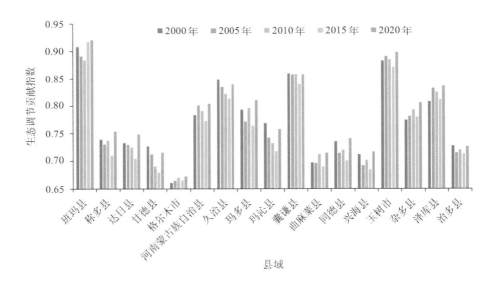

图 4-10　2000 年、2005 年、2010 年、2015 年、2020 年三江源地区各县域生态调节贡献指数

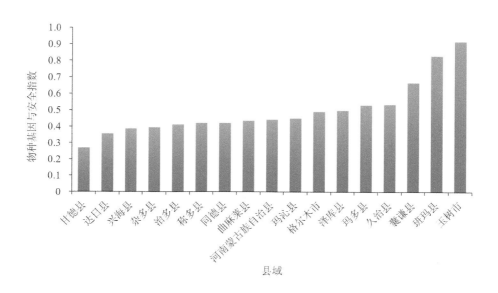

图 4-11　2020 年三江源地区各县域物种基因与安全指数

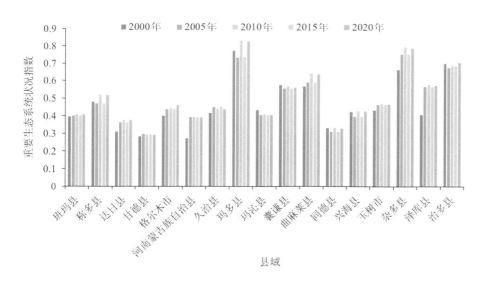

图 4-12　2000 年、2005 年、2010 年、2015 年、2020 年三江源地区各县域重要生态系统状况指数

　　2000 年三江源地区生态调节贡献指数为 0.76，2020 年生态调节贡献指数为 0.78，整个三江源地区生态调节贡献指数提高 0.02。从各个县域来看，生态调节贡献指数提高较为明显的县为杂多县、玛多县、泽库县和曲麻莱县，2020 年这几个县的生态调节贡献指数相比 2000 年增加了 0.02 以上（图 4-13）。

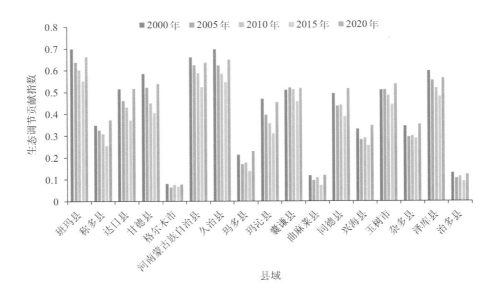

图 4-13　2000 年、2005 年、2010 年、2015 年、2020 年三江源地区各县域生态调节贡献指数

4.3.3　精神文化贡献

从精神文化贡献指数来看，最高的为玛多县、治多县和格尔木市，精神文化贡献指数在 0.7 以上；较低为泽库县、同德县、囊谦县，指数低于 0.4（图 4-14）。

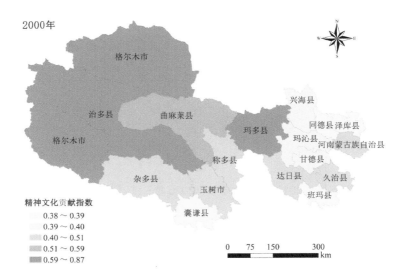

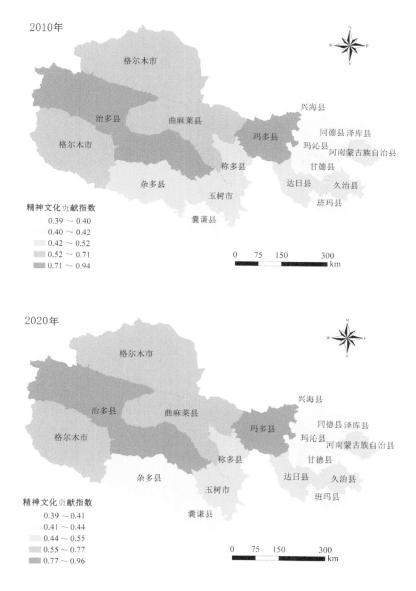

图 4-14　2000 年、2010 年、2020 年三江源地区各县域精神文化贡献指数分布

　　如图 4-15 所示，2000—2020 年三江源地区大部分县域精神文化贡献指数有上升。上升最为明显的为玛多县，上升幅度为 44%。其次为曲麻莱县，上升幅度为 22%。其范围内的扎陵湖、鄂陵湖两"姊妹湖"被联合国《湿地公约》列为国际重要湿地名录。

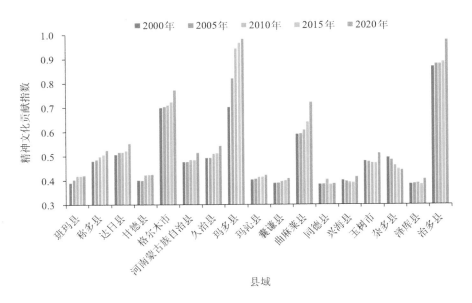

图 4-15　2000 年、2005 年、2010 年、2015 年、2020 年三江源地区各县域精神文化贡献指数

4.3.4　人类福祉贡献综合评价

从 2000 年、2010 年、2020 年三江源地区各县域的人类福祉贡献指数空间分布来看（图 4-16），2000 年人类福祉贡献指数最高的县域为玉树市、班玛县、泽库县和治多县，人类福祉贡献指数在 0.7 以上；人类福祉贡献较低的县域为甘德县、达日县，人类福祉贡献指数低于 0.6（表 4-2）。

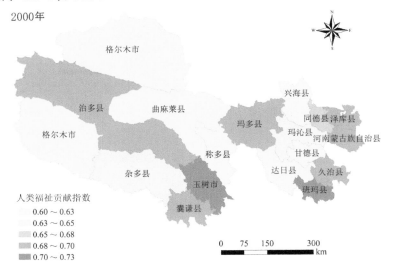

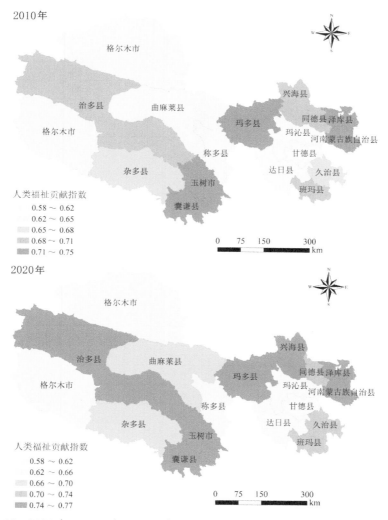

图 4-16 2000 年、2010 年、2020 年三江源地区各县域人类福祉贡献指数分布

表 4-2 2000 年三江源地区各县域人类福祉贡献指数

编码	县域	物质贡献指数	生态调节贡献指数	精神文化贡献指数	人类福祉贡献指数
0	班玛县	0.46	0.91	0.39	0.72
1	称多县	0.41	0.74	0.48	0.62
2	达日县	0.40	0.73	0.51	0.62
3	甘德县	0.43	0.73	0.40	0.60
4	格尔木市	0.43	0.66	0.70	0.62
5	河南蒙古族自治县	0.67	0.78	0.48	0.70
6	久治县	0.40	0.85	0.49	0.69
7	玛多县	0.31	0.79	0.70	0.68

编码	县域	物质贡献指数	生态调节贡献指数	精神文化贡献指数	人类福祉贡献指数
8	玛沁县	0.43	0.77	0.40	0.63
9	囊谦县	0.55	0.86	0.39	0.70
10	曲麻莱县	0.41	0.70	0.59	0.62
11	同德县	0.74	0.73	0.38	0.67
12	兴海县	0.60	0.71	0.40	0.63
13	玉树市	0.52	0.88	0.48	0.73
14	杂多县	0.43	0.77	0.49	0.65
15	泽库县	0.71	0.81	0.38	0.70
16	治多县	0.46	0.73	0.87	0.70

2020 年三江源地区人类福祉贡献指数较高的县域为玉树市、玛多县，人类福祉贡献指数在 0.75 以上；人类福祉贡献指数较低的县域主要有甘德县、玛沁县、达日县、称多县，人类福祉贡献指数低于 0.6（表 4-3）。

表 4-3　2020 年三江源地区人类福祉贡献指数

编码	县域	物质贡献指数	生态调节贡献指数	精神文化贡献指数	人类福祉贡献指数
0	班玛县	0.40	0.92	0.42	0.71
1	称多县	0.50	0.75	0.52	0.61
2	达日县	0.36	0.75	0.55	0.60
3	甘德县	0.35	0.72	0.42	0.56
4	格尔木市	0.48	0.67	0.77	0.64
5	河南蒙古族自治县	0.89	0.80	0.51	0.73
6	久治县	0.44	0.84	0.54	0.68
7	玛多县	0.31	0.81	0.89	0.71
8	玛沁县	0.44	0.76	0.42	0.60
9	囊谦县	0.73	0.86	0.41	0.72
10	曲麻莱县	0.47	0.71	0.72	0.63
11	同德县	0.92	0.74	0.39	0.69
12	兴海县	0.94	0.72	0.41	0.71
13	玉树市	0.66	0.90	0.51	0.76
14	杂多县	0.47	0.81	0.44	0.66
15	泽库县	0.95	0.84	0.40	0.74
16	治多县	0.49	0.73	0.75	0.70

从 2000 年、2020 年人类福祉贡献指数的变化来看（图 4-17），总共有 15 个县域人类福祉贡献指数有上升，上升最为明显的为兴海县、玛多县，上升幅度分别为 10.6%、9.7%。

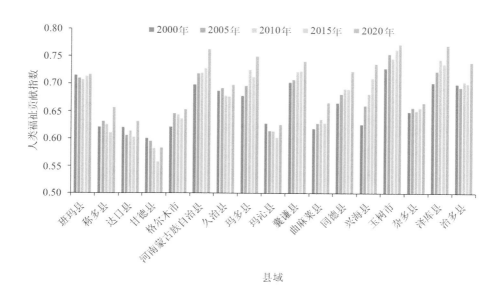

图 4-17　2000 年、2005 年、2010 年、2015 年、2020 年三江源地区各县域人类福祉贡献指数

4.4　小结

在生物多样性对人类福祉贡献评价框架的基础上，根据三江源地区特点和实际，对指标进行调整，形成三江源地区生物多样性对人类福祉贡献的评价体系，并在三江源地区的 17 个县域范围内开展试评价，评价结果表明：

（1）2020 年三江源地区人类福祉贡献指数较高的县域为玉树市、泽库县、河南蒙古族自治县、玛多县和囊谦县，人类福祉贡献指数在 0.7 以上；人类福祉贡献指数较低的县域为甘德县和玛沁县。2000 年以来，三江源地区人类福祉贡献指数整体提高，提高最为明显的县域为兴海县和玛多县。

（2）从物质贡献指数来看，2020 年物质贡献指数相对较高的县域为同德县、兴海县、泽库县、河南蒙古族自治县、囊谦县，物质贡献指数在 0.46 以上，而甘德县、玛多县物质贡献指数相对较低。2000 年以来，三江源地区整体物质贡献指数在提高，其中提高最为明显的县域为兴海县、同德县、河南蒙古族自治县。

（3）从生态调节贡献指数来看，2020 年班玛县、玉树市、囊谦县生态调节贡献指数相对较高，生态调节贡献指数在 0.8 以上；生态调节贡献指数相对较低的县域有曲麻莱县和甘德县。2000 年以来，大部分县域生态调节贡献指数稳中有升，部分县域生态调节贡献指数略有下降，如玛沁县。

（4）从精神文化贡献来看，2020 年玛多县、治多县、格尔木市精神文化贡献指数相对较高，精神文化贡献指数在 0.75 以上。2000 年以来，除杂多县外其他县域精神文化贡献稳中有升。

（5）生态系统服务是生物多样性和人类福祉的纽带，本评价体系在制定过程考虑到生态系统服务对人类福祉的贡献，通过分析已有基于生态系统服务人类福祉评估，对比生态系统服务评估结果，本次试点结果基本能反映三江源地区生态系统服务空间分布和对人类福祉贡献空间分异特征。

生物多样性的福祉贡献研究是探究生物多样性、生态系统服务和人类福祉之间联系的关键（Fu et al.，2013）。NCP 框架（Díaz et al.，2015）以及相关研究（刘玉平等，2021a；2021b）为三江源地区生物多样性对人类福祉的贡献提供了理论基础和研究框架，亟须相应的案例实践来说明该框架的可操作性和推广性。本研究的研究框架具有以下特点：首先，指标体系充分考虑了生物多样性空间分布的地带性、尺度依赖性等问题。例如，基于水源涵养等栅格精细尺度数据说明当地生态调节功能的空间分布。其次，指标体系充分考虑了生物多样性福祉贡献的区域特殊性和代表性。例如，选取湿地面积比例表征当地重要生态系统状况。最后，指标体系充分考虑了当地农户福祉的多维方面。例如，基于农畜产品供给反映农户福祉的客观层面，基于城市蓝绿空间反映农户福祉的主观幸福感层面。总之，本研究框架反映了生物多样性对人类福祉贡献的空间异质性、区域代表性以及福祉全面性等多个方面，研究结果和三江源地区生态系统服务以及社会发展等状况基本相符，能体现三江源地区人类福祉的时空分异特征。使用该框架可以进行其他区域生物多样性对人类福祉贡献的研究，通过区域间结果对比增强指标体系应用的广泛性和普适性。

本章在以下 3 个方面需做进一步的拓展和深化。首先，由于数据获取困难，本章使用了多种代理指标表征生物多样性对人类福祉的某些贡献。例如，在物质贡献中体现生物多样性有机产品等的指标直接使用了农业产值为代理指标。生态调节功能通过植被覆盖度、固碳和产水来表征，然而生态调节种类有很多，养分循环、大气调节等服务功能由于数据获取困难，并没有得到有效的表征，并且对三江源地区地域特点考虑不够，指标的设置与特殊地域文化的契合不够（如地域宗教等）。在未来研究中，需要进一步整合多源数据，构建更加完整的生物多样性福祉贡献指标体系，更加反映青藏高原国家水源区的复杂社会—生态系统。其次，生物多样性对人类福祉贡献的时空特征受自然环境演变与社会经济、政策等多要素的综合影响，今后需要在探究人类福祉时空演化的基础上揭示影响人类福祉变化的社会—生态驱动力，并阐明人类福祉与驱动力因素之间的动态关系。最后，专家打分法在一定程度上虽然克服了指标的数据依赖，但仍缺乏对广泛利益相关者群体福祉需求的考虑，因此，在未来研究中需综合多类利益相关者的福祉需求和诉求。在考虑相关领域专家和当地决策者的同时，也要考虑农户等利益相关者的福祉偏好，采取自下而上和自上而下相结合的主观赋权方法，将极大地提高人类福祉研究的科学性。

参考文献

陈昕，彭建，刘焱序，等，2017. 基于"重要性—敏感性—连通性"框架的云浮市生态安全格局构建[J]. 地理研究，36（3）：471-484.

傅伯杰，于丹丹，吕楠，2017. 中国生物多样性与生态系统服务评估指标体系[J]. 生态学报，37（2）：341-348.

黄颖利，李晗晗，朱震锋，等，2020. 天然林保护工程生态恢复的时空特征及评价[J]. 林业经济问题，40（6）：579-586.

刘玉平，施佩荣，张志如，等，2021a. 定量测度生物多样性对人类福祉贡献的指标体系研究[J]. 生态与农村环境学报，37（10）：1242-1248.

刘玉平，万华伟，彭羽，等，2021b. 生物多样性贡献人类福祉的研究进展[J]. 环境生态学，3（5）：43-48.

马笑丹，刘加珍，张彩云，2020. 聊城市农田生态系统服务价值动态分析[J]. 山东农业科学，52（9）：109-113.

文志，郑华，欧阳志云，2020. 生物多样性与生态系统服务关系研究进展[J]. 应用生态学报，31（1）：340-348.

Díaz S，Demissew S，Carabias J，et al.，2015. The IPBES Conceptual Framework：Connecting Nature and People[J]. Current Opinion in Environmental Sustainability，14：1-16.

Diener E，1995. A Value Based Index for Measuring National Quality of Life[J]. Social Indicators Research，36（2）：107-127.

Fu B J，Wang S，Su C H，et al.，2013. Linking ecosystem processes and ecosystem services[J]. Current Opinion in Environmental Sustainability，5（1）：4-10.

Gbetibouo G A，Ringler C，Hassan R，2010. Vulnerability of the South African Farming Sector to Climate Change and Variability：An Indicator Approach[J]. Natural Resources Forum，34（3）：175-187.

Hausmann A，Slotow R，Burns J K，et al.，2015. The Ecosystem Service of Sense of Place：Benefits for Human Well-being and Biodiversity Conservation[J]. Environmental Conservation，43（2）：117-127.

Liu D，Chen H，Zhang H，et al.，2020. Spatiotemporal evolution of landscape ecological risk based on geomorphological regionalization during 1980-2017：A case study of Shaanxi Province，China[J]. Sustainability，12：941.

Pascual U，Balvanera P，Díaz S，et al.，2017. Valuing Nature's Contributions to People：The IPBES

Approach[J]. Current Opinion in Environmental Sustainability，26/27：7-16.

Prescott-Allen R，2001. The Wellbeing of Nations[M]. Washington DC，USA：Island Press.

Rendón O R，Garbutt A，Skov M，2019. A framework linking ecosystem services and human well‐being：Saltmarsh as a case study[J]. People and Nature. 1：486-496.

Shahid N，Robin C，Emmett D J，et al.，2016. Biodiversity and Human Well-being：An Essential Link for Sustainable Development[J]. Proceedings of the Royal Society B：Biological Sciences，283（1844）：2091.

Taylor P D，Fahrig L，Henein K，et al.，1993. Connectivity is a vital element of landscape structure[J]. Oikos，68（3）：571-573.

Venail P，Gross K，Oakley T H，et al.，2015. Species Richness，but not Phylogenetic Diversity，Influences Community Biomass Production and Temporal Stability in a Re-Examination of 16 Grassland Biodiversity Studies[J]. Functional Ecology，29（5）：615-626.

Wang B，Tang H，Xu Y，2017. Integrating ecosystem services and human well-being into management practices：Insights from a mountain-basin area，China[J]. Ecosystem Services，27：58-69.

Wei H，Liu H，Xu Z，et al.，2018. Linking ecosystem services supply，social demand and human well-being in a typical mountain-oasis-desert area，Xinjiang，China[J]. Ecosystem Services，31：44-57.